IMKERN

Vom Halten eigener Bienen

EMF

EIN BUCH DER
EDITION MICHAEL FISCHER

Inhalt

IMKERN

Vom Halten eigener Bienen

Bücher sind Bienen,
die Leben zeugenden Blütenstaub
von einem Geist zum andern tragen.
– James Russel Lowell

Vorwort

Bienen sind nicht nur die kleinsten Haustiere des Menschen, sondern wohl auch die ältesten. Hoch geschätzt waren sie in allen alten Kulturen und sie sind es heute wieder. Wir sind zu Recht von diesen zarten Wesen fasziniert. Ihre Art zu wirtschaften, ihre enormen Leistungen für die Natur und ihre Kunst des Zusammenlebens sind sicher vorbildlich. Die schöne Atmosphäre an einem Bienenstand nimmt uns gefangen. Das alte Bienenhaus meines Opas gibt es längst nicht mehr, aber das eiserne Türschloss besitze ich noch. Ich lade Sie daher ein in das reichhaltige, neue und alte Imkerwissen. Ich mache Sie vertraut mit einem tollen Handwerk, vor allem mit den schönen und genussvollen Dingen, die damit verbunden sind.

Imkern ist ein besonderes Hobby, man hat plötzlich Zehntausende Tiere, die aber zum größten Teil gut allein klarkommen. Man arbeitet abhängig vom Wetter und der Natur und erntet ein Lebensmittel höchster Qualität. Imkern ist sinnlich, man verwendet Feuer und Rauch, die Bienenstöcke duften und man erlebt die Natur sehr intensiv. Durchaus auch ihre wehrhafte Seite, denn Bienenstiche können schmerzhaft sein.

Das Thema „Bienensterben“ geistert immer wieder durch die Medien und auch die Meinung, dass Imkern etwas ganz besonders Schwieriges wäre. Manche Leute stellen nach einem Crashkurs einfach ein Bienenvolk in irgendeiner Kiste hinters Haus. Ein Jahr später ist es tot und man ist sich gewiss, dass entweder die Pestizide schuld sind oder die Sache einfach zu kompliziert ist.

Von Panikmache oder Blauäugigkeit halte ich wenig. Ich möchte, dass Ihre Bienen gesund sind und Sie dabei als Imker nicht in Stress geraten. Bienenhaltung geht unkompliziert und naturnah, mit gut gepflegten und gesunden Tieren. Dazu zeige ich Ihnen bewährte Vorgehensweisen, die man nach einigen Jahren der Erfahrung natürlich abwandeln kann. Es gibt in den letzten Jahren viele Innovationen in der Imkerei, es lohnt sich, diese Entwicklung zu beobachten und selbst zu probieren.

Die Abläufe meiner Imkerei basieren großenteils auf Empfehlungen von erfahrenen Imkermeistern und Fachberatern, bei denen ich selbst lernen durfte. Gewürzt wird das Ganze von persönlichen Tipps und Erfahrungen. Vermitteln möchte ich Ihnen einen erfüllenden Zugang zu den Tieren und der Natur, aber auch Sinnlichkeit und Genuss für Sie als Imker – ganz persönlich und im Rhythmus der Jahreszeiten.

Pia Schade

← Mit dem alten Bienenhaus-Schloss meines Großvaters verbinde ich die Liebe zu diesem ganz besonderen Hobby.

Es wurde gesagt, Honigbienen seien Botschafter, die von den Göttern geschickt wurden, um uns zu zeigen, wie wir leben sollten: in Süße, in Schönheit und in Frieden.
– Thomas D. Seeley (Bienendemokratie)

Vom Halten eigener Bienen

Imkern ist das neue Yoga – so humorvoll wird der Trend zum eigenen Bienenvolk in letzter Zeit in den Medien angepriesen.

Dahinter steht die Idee von einem entspannenden Hobby, entschleunigt und zugänglich für alle. Da ist was dran, Imkern bringt mir aber auch Genuss, Austausch mit interessanten Menschen und neue Themen im Leben.

Seit die Bienen da sind, beobachte ich das Wetter und die Entwicklung der Natur im Frühling viel genauer. Das gibt Bodenständigkeit und das Gefühl, im eigenen Umfeld und in der Natur verwurzelt zu sein.

Standorte in der Stadt und auf dem Land

Bienenkästen stehen nicht nur auf dem Land inmitten der Obstwiesen, sondern auch in der Stadt, auf Balkonen, Dächern und auf alternativ genutzten Brachflächen. Und das funktioniert sehr gut. Die neuen Imker sind experimentierfreudig. Sie führen dank funktionierender Netzwerke untereinander eine rege Diskussion zu aktuellen Problemen der Imkerei und haben oft einen hohen Stand an theoretischem Wissen aus der Biologie, was ihren Tieren sehr zugute kommt.

Die Stadt als Spielwiese

Den enorm anpassungsfähigen Bienen geht es gut in der Stadt, sie finden hier ein vielfältiges Angebot an Pollen und Nektar, das mit der Versorgung auf dem Land durchaus mithalten kann. Meine eigenen Bienen stehen auf einem ehemaligen Abstellplatz für Baumaschinen – heute genutzt als urbaner Gemeinschaftsgarten, in dem wir Schotterflächen in ein Blütenparadies verwandelt haben.

Bienen brauchen keine Idylle, sondern vor allem ein vielfältiges Nahrungsangebot, möglichst über die ganze Vegetationszeit verteilt. Das gibt es in Gärten und Parks, auf Balkonen und Brachflächen. Wo auf dem Land der Raps für eine starke Tracht sorgt, übernehmen dies in der Stadt oft die Linden, wenn auch ein wenig später im Jahr.

Unverzichtbar auf dem Land

Auch die Kritiker haben recht, die anmerken, dass wir die Bestäubungsleistung der Bienen für die Produktion unserer Lebensmittel vor allem auf dem Land benötigen. Suchen Sie sich doch bei Gelegenheit noch eine Zweigstelle für Ihre Imkerei in ländlicher Umgebung. Sie werden sich wundern, wie unterschiedlich die Standorte bei der Entwicklung der Bienenvölker sind und auch wie unterschiedlich die Honige schmecken können. Nicht besser oder schlechter, sondern ganz individuell.

Auf dem Land findet man außerdem oft leichter Schuppen oder Abstellräume für die doch recht umfangreichen Gerätschaften. Rechnen können Sie hier mit etwa zwei Quadratmeter Lagerplatz pro Bienenvolk. Bienenkästen, Rähmchen und Waben, die eigene Schleuder, Honigeimer und Gläser, Werkzeug und Schutzkleidung türmen sich doch ganz ordentlich auf. Mit nur einer Stadtwohnung kommt man da leicht an die Grenzen des logistisch Machbaren. Aber nach meiner eigenen Erfahrung sind die Utensilien für ein bis drei Völker auch in einem kleinen Keller gut unterzubringen.

← Gemeinschaftsgärten in der Stadt bieten Bienen einen attraktiven Lebensraum.
← Auf dem Land spielen Bienen eine große Rolle für die Landwirtschaft.

Bienenstiche und Allergien

„Wer nicht lacht, den sticht die Biene zuerst" – Janosch

Gut zu wissen:

Mit dem Alter werden Bienen giftiger: Die Giftdrüse kommt bei Arbeiterinnen erst um den 18. Lebenstag so richtig in Schwung. Nur die Königin ist gleich giftig, sie muss sofort nach dem Schlüpfen ihre Konkurrentinnen eliminieren.

Bienen können stechen. Sie tun das heute dank gezielter Zucht in den vergangenen Jahrzehnten viel seltener als z. B. noch in den Siebzigern bei unseren Großeltern. Aber wenn es passiert, ist es immer schmerzhaft. Oft zeigt sich beim ersten Stich keine große Reaktion. Bei den nächsten Stichen müssen Sie aber tatsächlich mit schlimmen, im Gesicht auch entstellenden Schwellungen rechnen, die auch tagelang schmerzhaft bleiben. Unser Körper gewöhnt sich in der Regel mit der Zeit an das Bienengift. Bei mir selber war nach dem 15. Stich die Gewöhnung da. Der erste scharfe Schmerz bleibt immer gleich, aber die Schwellungen sind dann nur noch minimal, oft juckt es an den Tagen nach einem Stich weniger als nach einem sommerlichen Mückenstich.

Was tun bei allergischen Reaktionen?

Bei starken Schwellungen oder Rötungen an anderen Körperstellen, weit weg vom Stich oder gar Atemnot gehen Sie bitte sofort zum Arzt. Tapferkeit ist hier fehl am Platz, einerseits kann schnell geholfen werden, andererseits sollte man dann eine Allergie gegen Bienengift abklären lassen. Es gibt durchaus auch Imker, die trotz Allergie bei ihrem Hobby bleiben. Mit einer Desensibilisierung lässt sich vieles in den Griff bekommen. Konsequentes Tragen von Schutzkleidung ist eine andere Option. Ob man das so durchziehen möchte, ist dann eine sehr individuelle Frage.

Vermeiden Sie Imkerarbeiten bei Regen, Temperaturen unter 15 und über 30 °C und Gewittergefahr.

Mein Rat wäre für alle Imker, möglichst wenige Stiche zu kassieren. Denn leider kann sich eine Allergie auch nach Jahren noch entwickeln. Die beste Prävention sind friedliche Bienen, kurze Eingriffe an den Völkern ohne Hektik und *bei passendem Wetter*, die Verwendung von Rauch oder Nelkentuch und Schutzkleidung wie Schleier und Handschuhe. Außerdem sollten Sie möglichst auf Lederkleidung und Parfüm verzichten und Schweißgeruch vermeiden.

Anmeldung beim Veterinäramt

Auch Bienen brauchen etwas Bürokratie. Sie sollten Ihren Bienenstandort beim zuständigen Veterinäramt anmelden. Hier geht es nicht um bürokratische Gängelei, sondern darum, dass Sie beim Ausbruch einer wirklich gefährlichen Bienenseuche, der Amerikanischen Faulbrut, gezielt gewarnt werden können, und eine Weiterverbreitung der Seuche verhindert wird.

Die Regelungen in den Bundesländern hierzu sind leider unterschiedlich, manchmal braucht man für die Anmeldung beim Veterinäramt vorher noch eine Betriebsnummer der Landwirtschaftsverwaltung, anderswo ist die Tierseuchenkasse der richtige Ansprechpartner. Auskunft dazu bekommen Sie beim örtlichen Imkerverein oder dem jeweiligen Landesverband der Imker.

Die Aufstellung im Freien

Moderne Bienenkästen können einfach im Freien aufgestellt werden. Dabei ist es egal, ob Sie in klassischen Magazinbeuten imkern oder sich für den Top-bar hive oder die Warré-Beute entscheiden. Alle Holzbeuten bekommen ein wetterfestes Dach aus Blech.

Alte Bienenhäuser

Große Bienenhäuser werden dafür nicht mehr gebraucht. Manchmal findet man dennoch sehr schöne alte Bienenhäuser mit ihrem unvergleichlichen Duft nach Wachs und dem altmodischen Flair. Diese sind weiterhin gut nutzbar, erst mal als Geräteraum und später vielleicht für sehr wetter- und gleichzeitig terminabhängige Arbeiten wie das Umlarven, falls Sie sich mal mit der Königinnenzucht beschäftigen wollen.

Die alten Bienenhäuser sind sehr oft ein Indiz für einen ertragreichen Standort, bei dem Sie eine gute Pollen- und Nektarversorgung für Ihre Bienen und natürlich auch eine gute Honigernte für sich erwarten dürfen. Ohne die genaue Prüfung dieser Voraussetzungen hat früher niemand so ein teures Gebäude errichtet. Es lohnt sich also, in der eigenen Gegend einmal nach ihnen Ausschau zu halten.

Freie Aufstellung auf Paletten

Für die Aufstellung von modernen Bienenkästen, genannt Beuten, haben sich einfache Paletten bewährt. Diese sind ja als Baumaterial für viele Anwendungen im Garten gerade sehr beliebt. Die stabilen Paletten legen Sie einfach auf einige Steine, das dient dem konstruktiven Holzschutz. Wenn die Paletten nicht dauerhaft vom Boden her feucht werden, halten sie jahrelang. Zur Verschönerung kann man sie natürlich noch *anstreichen* oder den Bienen farbig die Einflugrichtung in ihr Heim markieren.

Wie auch bei den Bienenkästen gilt die scherzhafte Faustregel: Ohne Anstrich halten sie 20 Sommer lang und mit Anstrich sind es 20 Winter.

Halten Sie bei mehreren Bienenkästen immer so viel Abstand zur nächsten Palette, dass Sie jeden Kasten auch seitlich bearbeiten können. So muss man sich weniger verdrehen und schont den Rücken beim Heben der bis zu 30 Kilogramm schweren Honigzargen. Wichtig ist aus diesem doch sehr „gewichtigen" Grund, dass Sie zumindest mit einer Schubkarre bis zu Ihren Kästen fahren können. Sowohl bei der Ernte als auch beim Füttern ist das eine enorme Erleichterung.

Idealer Standort und Ausrichtung

Wichtig ist für die Bienen auch das Kleinklima an ihrem Stand. Stellen Sie die Völker bitte nicht in eine feuchte, moosige Senke. Das würde gegebenenfalls Krankheiten wie die Kalkbrut begünstigen. Ideal ist ein nicht zu zugiger, ruhiger Platz, fernab von Nachbars Terrasse oder oft benutzten Gehwegen und Spielplätzen. Die Fluglöcher sollten nach Süden oder Südwesten ausgerichtet werden. Bienen kommen aber nach meiner Erfahrung auch mit einer Ausrichtung nach Norden gut klar. Einer meiner Standorte in einem Garten lässt nichts anderes zu und bisher gab es nie Probleme. Die Ostseite sollten Sie wegen der eisigen Ostwinde im Winter besser meiden.

Ideal für den Sommer ist noch ein Standort unter Laubbäumen, dann heizen sich die Beuten nicht zu stark auf und der Honig kann mit – relativ – kühler Umgebungsluft besser getrocknet werden. Im Winter profitieren die Völker dann von der Sonne, die durch die kahlen Bäume strahlt.

Bienen auf dem Balkon

Einige Imker haben auch gute Erfahrungen mit Standorten auf dem Balkon, auch da gibt es die richtige Ausrichtung und selbst in den Innenstädten meist ein gutes Nektarangebot. Probleme auf meinem eigenen Balkon, der Richtung Westen geht, macht allerdings manchmal der fehlende Schatten. Meine Lösung war es daher, den Balkon nur als zeitweiligen Bienenstand für die Ableger während einiger Wochen im Frühjahr zu verwenden. Die Ableger können nach etwa vier Wochen zurück an den ursprünglichen Standplatz im Garten und haben deutlich weniger Bienen an Bord, die bei den Nachbarn für Irritationen sorgen könnten. Während der größten Sommerhitze sind dann keine Tiere am Balkon.

Leider gibt es auch erste Gerichtsentscheidungen, die das Aufstellen von Bienenkästen auf dem Balkon untersagen. Hier, wie auch in Innenhöfen, kommt es also sehr auf die Nachbarn an.

Um *Unmut* zu vermeiden, sollten Sie Ihren Vermieter und Ihre Nachbarn im Vorfeld darüber informieren, dass Sie Bienen auf dem Balkon halten möchten. Im Garten sind bis zu fünf Völker in den meisten Gegenden kein Problem, diese Art der Haltung von Kleintieren gilt meist als ortsüblich. Mindestens fünf Meter Abstand zwischen den Fluglöchern und der Grundstücksgrenze werden hier empfohlen.

Nach meiner Erfahrung ist es auch gut, zu diesem Thema im Gespräch zu bleiben, den Nachbarn mal einen Blick in die Bienenkästen anzubieten oder ein Glas Honig zu verschenken. Die meisten Menschen mögen Bienen und Angst lässt sich am besten durch persönliche Begegnung mit diesen faszinierenden Wesen vertreiben.

→ Holzpaletten sind ideal als stabiler Sockel für Warré-Beuten.
↓ Mit der richtigen Bepflanzung Ihres Balkons können Sie Ihren Bienen ein reichhaltiges Angebot bieten.

Der bienenfreundliche Garten

Junge Bienen brauchen eine möglichst vielfältige Auswahl an Pollen in ihrer Ernährung, um sich gesund entwickeln zu können.

Ein bienenfreundlicher Garten ist für viele Tiere gut

Aber sorgen Sie nicht nur für Ihre Honigsammlerinnen, sondern auch für die wilde Verwandtschaft! Im Garten kann man vielfältige Landschaften für Tiere schaffen, vom einfachen Sandhaufen bis zur Lehmwand, vom Steingarten bis zur Hecke und zum Totholzhaufen. In einem bunten und natürlichen Garten finden sich in den Nischen und Winkeln Reptilien, Vögel und Igel ein. Vergessen Sie auch kleine Wasserstellen nicht, an denen Bienen und Vögel sich wohlfühlen.

Nektarpflanzen für Ihre Bienen

Wenn Sie bevorzugt bienenfreundliche Pflanzen im Garten und auf dem Balkon anpflanzen möchten, haben Sie eine riesige Auswahl. Ganz früh im Jahr sind Krokusse, Schneeglöckchen und vor allem Winterlinge eine Freude für unser Herz und gleichzeitig ein guter Start für die Bienen.

Tipp:

Verschenken Sie doch einmal blühende Küchenkräuter im Körbchen, kombiniert mit Honig aus eigener Herstellung.

Im Kräuterbeet und auf extensiv begrünten Dachflächen werden Borretsch und Rosmarin, Bohnenkraut, Ysop, Thymian und Oregano ganz intensiv beflogen. Mein Lavendel wird vor allem von Hummeln sehr geliebt. Ein Blumenkasten mit mehrjährigen Küchenkräutern wie Dost, Bohnenkraut, Salbei oder Pfefferminze sowie blühendem Schnittlauch kann mehrere Jahre lang schön sein und ist gleichzeitig prima für Schmetterlinge, Hummeln und Wildbienen. Sehr schön und zudem enorm robust auf dem Balkon sind auch alle Arten von Mauerpfeffer oder Fetthenne. Besonders gern mag ich auch die gelb blühende Weinraute, mit deren zarten Blättern man in Äthiopien den fertig gebrühten Kaffee aromatisiert.

Bei der wilden Verwandtschaft unserer Küchenkräuter sind Huflattich, Löwenzahn und alle Kleearten, die oft auch auf städtischen Brachflächen vorkommen, zu nennen.

Wenn es schnell bunt werden soll, sind einjährige Sommerblumen das Richtige. Mit ihnen kann man einen Garten schnell begrünen, farbenfrohe und fröhliche Beete erblühen innerhalb weniger Wochen. Da gibt es die Kapuzinerkresse, die man auch für Salat verwenden kann, oder die prachtvollen Stockrosen, den giftigen Fingerhut und die heilkräftigen Ringelblumen. Oder Mohn, Schmuckkörbchen, Jungfer im Grünen und Sonnenblumen.

Gut zu wissen:

Rosen sind unter den Gehölzen eine der besten Nahrungsquellen für Bienen!

In einem großen Garten ist vielleicht auch Platz für Bäume und Sträucher. Wertvoll sind hier Ahorn und Weiden, Haselsträucher und alte Efeubestände. Beim Obst sind Kirschbäume die erste Wahl für Bienen, aber auch Apfelbäume bieten viel Nektar und Pollen. Unter den Beerensträuchern sind Brombeeren und Himbeeren ideal für Bienen.

Die Liste der Blumen für Garten und Balkon ist lang: Akelei und Astern, Wicken, Kugeldisteln und Zierlauch, Lilienarten und Blutweiderich sind nur einige Beispiele. Wichtig ist es dabei immer, auf ungefüllte Blüten zu achten. Nur sie liefern Pollen und Nektar so, dass die Tiere auch rankommen.

Gefüllte Blütenköpfe sind für Bienen weniger gut. Bei ihnen wurden aus den ursprünglichen Staubgefäßen mit Pollen weitere dicht zusammenstehende Blütenblätter gezüchtet. Sie liefern kaum Pollen oder Nektar.

Gründüngung

Ich empfehle Ihnen den Gelbsenf, der lang im Jahr blüht, oder die blau blühende Phacelia, auch Bienenfreund oder Bienenweide genannt. Aus solch einem Beet summt es dann sehr vernehmlich!

Und lassen Sie in Ihrem Garten keine nackten Beete stehen. Nur wo es schon grün ist, wächst kein Unkraut! Der Boden sollte immer bewachsen sein, das ist gut für die Bodenfruchtbarkeit und durch die Bindung des Stickstoffs in den Pflanzen gut für unser Grundwasser, denn nackter Boden wird ausgewaschen und ist auch keine Zierde. Sehr nützlich ist da jede Art von *Gründüngung*, die später einfach in den Boden eingearbeitet wird oder auf den Kompost kommt. Gründüngung ist also Wellness für den Boden und gleichzeitig ein Langzeitdünger.

→ Kugeldistel
↓ Phacelia und Buchweizen

Wie werden meine Bienen satt?

Dem Fröhlichen ist jedes Unkraut eine Blume, dem Betrübten jede Blume ein Unkraut. – Sprichwort aus Finnland

Damit ein Bienenvolk sich gut entwickeln kann, braucht es von Frühjahr bis möglichst lückenlos und weit in den Herbst hinein eine gute Versorgung mit Pollen und Nektar in seiner Umgebung. Die Bienen fliegen in einem Radius von rund drei Kilometern und überqueren dabei auch Flüsse oder Autobahnen in etwa 15 Meter Reiseflughöhe. Auch Langstrecken von bis zu zehn Kilometern wurden schon gemessen. Aber die drei Kilometer Flugradius sind ein guter Anhaltspunkt, wenn Sie sich über die Versorgung an Ihrem Standort Gedanken machen.

Trachtquellen im Bienenjahr

Die ersten Blüten, die im Vorfrühling angeflogen werden, sind die der Winterlinge und Schneeglöckchen, die in den meisten Parks und Vorgärten zu finden sind. Diese ersten Flüge sind für die Bienen aufgrund der Kälte oft noch lebensgefährlich.

Gut zu wissen:

Der Spritverbrauch bei Bienen: Zum Sammeln wird auch schon eine Menge Nektar verbraucht, ein Kilometer Abstand zur Trachtquelle ergibt etwa 50 Prozent Verlust beim Ertrag.

Die Blüte der Salweide ist für die Imker auch ganz besonders wichtig. Sie ist für die Bienen die erste große Pollenquelle, die sie im Frühjahr für den Aufbau eines starken Volks benötigen. Im Winter sind die Völker schließlich erheblich geschrumpft, da braucht es im Frühjahr diese Entwicklungstracht ganz dringend.

Kirschbäume liefern dann zuerst größere Mengen Nektar, gefolgt von den anderen Obstblüten wie Apfel, Pflaume etc. Jetzt produzieren die Bienen auch den ersten Honig im Jahr. Anschließend folgt auf dem Land oft der Raps. Kurz danach kommt die Robinienblüte, die einen ganz klaren, nicht kristallisierenden Honig liefert. Mit der Lindenblüte im Juli ist dann die Zeit der Massentrachten vorbei, jetzt wird der meist sehr aromatische Sommerhonig geschleudert.

Durch hohe Luft- und Bodenfeuchte produzieren die Pflanzen mehr und feuchteren Nektar. Das merkt man vor allem bei Linden oder auch Raps. Durch den feuchten Berliner Boden gibt es ganz regelmäßig Lindenhonig, im Münchner Schotterboden, der sehr schnell abtrocknet, klappt das nur bei viel Regen in der Zeit vor der Blüte.

Die Läppertracht und Artenvielfalt

Ganz wichtig sind auch die sogenannten Läppertrachten, da kommen keine großen Mengen von Nektar von nur einer Pflanzenart rein, sondern die Bienen sind zu sehr vielen verschiedenen Blüten unterwegs. Es läppert sich also sprichwörtlich zusammen ... Dies ist u. a. auch für die Gesundheit der Tiere wichtig. Eine zu einseitige Ernährung tut auch Insekten nicht gut. Auch für die Gestaltung des eigenen Gartens oder Bienenstands ist dies ein wichtiger Ansatzpunkt. Setzen Sie auf Artenvielfalt und lassen Sie Wildkräuter stehen! Wenn Sie Pflanzen kaufen, dann achten Sie vor allem auf ungefüllte Blüten, die gefüllten Züchtungen produzieren kaum noch Nektar oder die Insekten kommen nur schwer heran.

→ Die Kirschblüte ist auch ein sinnliches Erlebnis für uns Menschen.
↓ Kräuter wie der Oregano sind wertvoll für die Bienen sowie als Hausmittel und Küchengewürz.

Im Lauf der Jahreszeiten

Salweide, Kirsche und Raps in der Umgebung dienen Imkern als wichtiger Indikator für anstehende Arbeiten wie das Erweitern der jungen Völker im Frühjahr, das Aufsetzen der Honigräume oder um den richtigen Zeitpunkt für die Honigernte zu finden. Durch die Beobachtung dieser Pflanzen und der Bienenvölker findet man als Imker – wieder – einen ganz engen Bezug zum Lauf der Jahreszeiten und zu den Entwicklungen des Wetters. Mit der Zeit entwickelt man seinen ganz eigenen „Bauernkalender" und lernt viel über Blumen und Bäume. Ein für mich sehr bereichernder und sinnlicher Aspekt der Beschäftigung mit Bienen. Seit ich sie habe, begrüße ich im Frühling wirklich jedes Blümchen einzeln!

Wilde Verwandtschaft – Wildbienen und Insektenhotels

Selbst in Großstädten wie z. B. München leben Dutzende verschiedene Arten von Wildbienen und Hummeln. Es gibt alleine über 500 Arten von Wildbienen und unzählige weitere Insektenarten. Sie alle sind für die Natur enorm wichtig. Einige sind ganz auf eine einzelne Pflanzenart spezialisiert, deren Überleben sie umgekehrt damit sichern. Andere, wie die Hummeln, bestäuben die Pflanzen schon bei viel niedrigeren Temperaturen als Honigbienen. Auch das sichert die Erträge von Obst und Gemüse. Kein Bauer kann die Bestäubung mit anderen Pflegemaßnahmen ersetzen, das geht nur mit den summenden Helfern.

Wohlfühlorte schaffen

Eine bunte Vielfalt aus Kräutern, Stauden und Wildobst nützt auch den wilden Verwandten unserer Haus- und Nutztierchen.

Diese Nützlinge sind auch sehr schön zu beobachten, fördern können Sie deren Ansiedlung durch ein klassisches Insektenhotel, aber z. B. auch dadurch, den Garten im Herbst nicht total „clean" auszuräumen, sondern Stängel und Stauden als Unterschlupf für den Winter stehen zu lassen.

Ideal ist ein selbst gebasteltes Insektenhotel für alle, die die Tiere gern ausdauernd beobachten möchten. Die Wildbienen bilden keine Staaten wie die Honigbiene, sondern leben solitär. In einer Brutröhre legen sie die Eier einzeln ab, jedes von ihnen erhält einen Vorrat aus Pollen und Nektar, dann wird die Brutzelle verschlossen und das nächste Ei gelegt. Die kleinen Bienen reifen in ihren Brutzellen heran und überstehen dort auch den Winter, um im nächsten Frühjahr zu schlüpfen.

Ein Insektenhotel bauen

Wählen Sie für Ihr Insektenhotel einen möglichst trockenen Standort.

So gehen Sie beim Bauen vor: Sammeln Sie Pflanzenstängel von Weiden und Schilf oder verwenden Sie unbehandelten Bambus. Dieses Material wird als Bündel in die Nisthilfen eingesetzt. Einfach ist es auch, Röhren mit unterschiedlichem Durchmesser in frischen Ton einzudrücken. Das geht ganz einfach mit einem Schraubenzieher, Bleistift oder einer Stricknadel. Wenn Sie Niströhren in Holz bohren möchten, verwenden Sie stabiles Hartholz. Es splittert weniger, denn Holzsplitter können Insekten verletzen. Gebohrt wird aus diesem Grund immer quer zum Verlauf der Holzfasern, nicht ins Kopfholz.

Das gesamte Material wird am besten in einen stabilen Holzkasten eingebracht, der als Nässeschutz unbedingt auch ein abgeschrägtes Dach haben sollte. Es soll einerseits die Nesteingänge vor direktem Regen schützen und daher mindestens zwei bis drei Zentimeter überstehen. Gleichzeitig schützt es die Niströhren vor ständiger Feuchtigkeit, denn die würde sowohl der Brut als auch dem Pollenvorrat schaden.

Dann hängt man das Ganze am besten zur Südseite hin auf. Warm und geschützt, wie es auch die Honigbienen mögen. Oft sind schon nach wenigen Tagen die ersten Bewohner mit dem Einzug beschäftigt. Viel Freude beim Beobachten und Fotografieren!

← Insektenhotels und Vogelhäuschen sind zudem dekorative Hingucker im Garten.

Besuch beim Imker – Kosten und Zeitbedarf fürs Imkern

Alleine imkern ist nur halb so schön! Besuchen Sie daher zunächst mal Ihren Nachbarimker. Der Umgang mit Tieren und Natur ist am besten durch persönliche, menschliche Beispiele zu erlernen. Beim Imkern kommen oft Menschen ganz unterschiedlicher Generationen, Herkunft oder Bildung zusammen, mit ihrer Lebenserfahrung, ihrem Wissen und ihrer Persönlichkeit – auch das bereichert ungemein.

Imkerpaten – von der Pike auf lernen

Nicht zuletzt ist Imker ein Handwerksberuf, in dem man sich sogar den Meistertitel erarbeiten kann. Auch als Hobbyimker lernt man schneller, wenn man einem erfahrenen Lehrer über die Schulter schauen kann. Das „Lesen" auf der Wabe, die Einschätzung, was in einem Bienenvolk gerade los ist, und die Entscheidung, wie man am besten weiter vorgeht, kann man sich wirklich am besten persönlich erklären lassen.

Die klassischen Vereine haben dafür oft ein über zwei Jahre gehendes Lehrkonzept, bei dem jedem Jungimker ein Imkervater zugeteilt wird. Für viele ist das heute zu langwierig und zu aufwendig, aber auch die alternativen Angebote, wie z. B. bei der *Bienenkiste*, arbeiten mit Imkerpaten. Hier trifft man sich seltener, eher anlassbezogen oder bei Problemen.

www.bienenkiste.de

Es ist wichtig, dass auch mal ein erfahrener Ansprechpartner auf Ihr erstes Bienenvolk schaut und bei Problemen unkompliziert aushelfen kann, sei es mal mit einer Brutwabe oder gar einer schlupfreifen Königin. Die Gelassenheit der erfahreneren Imker hilft Ihnen auch über Pech und Pannen der ersten aufregenden Zeit hinweg. An den Umgang mit so einem Superorganismus muss sich jeder erst gewöhnen.

So viel Zeit muss sein

Der Zeitbedarf für die Imkerei sinkt allmählich; die Berufsimker rechnen z. B. kaum noch vier Stunden Zeit pro Jahr und Volk. Sehr extensive Betriebsweisen im Hobbybereich wie z. B. mit dem Top-bar hive oder der Bienenkiste kommen mit 12 bis 15 Stunden pro Jahr aus. Aber das gilt wirklich erst nach einigen Jahren der Erfahrung.

Die Bienen brauchen einen sicher nicht täglich, aber an einigen Punkten wie z. B. bei der Varroa-Bekämpfung muss zeitnah und richtig gehandelt werden.

Ich persönlich rechne in der Saison von April bis September mit etwa zwei bis drei Stunden pro Woche für meine derzeit fünf Völker und die dazugehörigen Jungvölker. Dazu kommen noch die nicht unerhebliche Zeit für Schulungen und Vorträge, ein bisschen Networking mit anderen Imkern, der Einkauf des Materials, das Säubern und Herrichten von Rähmchen und Zargen, Schleudern und Honigverarbeitung.

Zu viel Störung durch den Imker tut den Völkern auch nicht gut. Es ist daher sicher eine gute Idee, wenn Sie sich für die Imkerei genau einen Termin in der Woche einplanen. Wenn Sie da genau das Richtige tun, können Sie den Superorganismus danach wieder getrost in Ruhe arbeiten lassen.

→ Kein Meister fällt vom Himmel! Erlernen Sie das Imkern mithilfe der Erfahrung langjähriger Imker.

Gutes Werkzeug, halbe Arbeit.
– Sprichwort aus Ungarn

Die Ausrüstung

Zum Start der Imkerei geht man zuerst einmal einkaufen. Man legt sich Material und eine Philosophie zurecht. Ich zeige Ihnen die Grundausrüstung, die alle Imker brauchen, und danach drei verschiedene Behausungen für Bienen, die sogenannten Beuten: ein klassisches Magazin und zwei reizvolle Alternativen mit eigenen Vorzügen. Anschließend bekommen Sie einen Einblick in die Bio-Imkerei und die Philosophie der wesensgemäßen Imkerei. Von beiden können auch Hobbyimker wertvolle Impulse bekommen.

Imkermode und Schutzausrüstung

Beim Thema Imkerkleidung geht es um den sehr wichtigen Stichschutz. Auch die friedlichsten Bienen werden mal angriffslustig, sei es bei der Honigernte oder bei größeren, für die Tiere sehr störenden Eingriffen wie dem Entfernen von Wildbau.

Gut zu wissen:
Ein Tropfen Nelkenöl auf den Händen hält durch seinen strengen Geruch die Bienen fern.

Schleier und Handschuhe

Stichschutz ist auch Allergievorbeugung und damit Gesundheitsschutz. Sie sollten sich daher unbedingt wenigstens für größere Arbeiten am Bienenvolk mit einem Gesichtsschleier und stichfesten Handschuhen ausrüsten.

Sicher ist die volle Ausrüstung bei den meist friedfertigen Bienen nicht immer notwendig, aber sie sollte doch bereitliegen. Ob man gern Handschuhe anzieht, wenn man in das Gewusel eines Bienenvolks greift, ist sehr individuell. Viele legen großen Wert auf das sensiblere Arbeiten an den Tieren ohne die dicken Imkerhandschuhe. Ein Kompromiss sind hier dünne Latexhandschuhe, sie sind nicht wirklich stichdicht, schützen aber vor den sonst schlecht zu entfernenden Propolisflecken.

Ein Stich im Gesicht kann sehr schmerzhaft sein, Augen können direkt zuschwellen und man ist danach optisch einige Tage definitiv nicht gesellschaftsfähig. Das habe ich natürlich durch Stiche in die Nase und Lippe mal selber getestet. Seither plädiere ich für den Schleier. Mit der Zeit gewöhnt man sich auch an den Blick durch das dunkle Gitter und der Schleier stört nicht weiter beim Arbeiten.

Imkerjacken und Overalls

Sie können aber für den Anfang gut auch erst mal improvisieren. Lange Haushaltshandschuhe, eine alte Jeansjacke und ein Strohhut mit etwas Fliegengaze rundum tun es durchaus für die erste Saison.

Vorteilhaft sind auch Imkerjacken bzw. Overalls. Sie dichten mit Wulstkragen oder Reißverschluss den Schleier perfekt gegen Bienen ab. An Zargen und Rähmchen klebt immer wieder das Kittharz der Bienen, das in der Gesundheitspflege so wichtige Propolis. Auf seine Wirkung und Nutzung gehe ich im letzten Kapitel (S. 132/133) ausführlich ein. Aber zunächst macht das Harz bei der Arbeit am Bienenstand schlimme Flecken auf der Kleidung, die nur noch mit der Schere zu entfernen sind.

← Die passende Imkerkleidung schützt vor Stichen und Schmutz.

Smoker und Rauchstoff

Mit dem Smoker gibt man Rauch ins Bienenvolk, ein sich nähernder Waldbrand wird simuliert. In der Natur würde ein Volk im Notfall komplett aus seiner Behausung ausziehen. Dazu schlagen sich die Bienen die Mägen mit einem Notvorrat an Honig voll. Zunächst sind sie damit sehr beschäftigt und haben gar keine Zeit, sich noch groß gegen den Imker zu verteidigen, und nach dem „Fehlalarm" sind alle rund und satt und etwas träge. Auch das macht die Bienen friedlich.

Gezielter Einsatz von Rauch

Es ist also keinesfalls so, dass der Rauch beruhigt, die Tiere kommen damit eher unter extremen Stress. Das ist der Grund, warum man aus Tierschutzgründen nur so viel Rauch einsetzen sollte, wie wirklich nötig ist, um in Ruhe an den Völkern arbeiten zu können. Der Rauch vertreibt die Tiere aus dem Arbeitsbereich des Imkers, damit sind sie auch vor den Werkzeugen besser geschützt, als wenn die Tierchen direkt im Arbeitsbereich des Imkers herumspazieren.

Die Anschaffung

Einen guten Smoker schätzt fast jeder Imker. Die Anschaffungskosten beginnen bei 16 Euro, man kann aber auch gut über 60 Euro für ein Markenmodell ausgeben. Wichtig ist ein Durchmesser von mindestens zehn Zentimetern, damit genug Rauchstoff hineinpasst, und ein guter Durchzug der ganzen Konstruktion. Ein Blasebalg aus Leder ist haltbarer als Modelle aus Kunststoff.

Das Zündmaterial

Als Zündmaterial haben sich bei mir Grillanzünder aus Holzwolle bewährt, die mit Wachs getränkt sind. Diese kommen brennend unten in den Smoker, darauf ein bis zwei getrocknete Kiefernzapfen, die für guten Durchzug sorgen, darauf lege ich dann als eigentlichen Rauchstoff eine Handvoll Hanfhäcksel aus dem Imkerladen oder auch Kleintierstreu, vermischt *mit getrockneten Gartenkräutern*. Viele Imker verwenden dafür gern getrockneten Farn. Vermorschtes Holz und Eierkartons sind ebenso brauchbar zum Anzünden.

Kräuter wie Lavendel, Rosmarin oder Salbei sorgen für wohligen Duft.

Wichtig ist es, das Zündmaterial eine Weile richtig lichterloh brennen zu lassen, bevor Sie den Rauchstoff hinzugeben. Dann brennt das Ganze hoffentlich ausdauernd.

↓ Arbeiten mit dem Nelkentuch

Alternative Nelkentuch

Eine Alternative zum Smoker ist das Nelkentuch. Packen Sie ein Geschirrtuch in ein großes Schraubglas, das mit 10 bis 15 Tropfen Nelkenöl (ätherisches Öl aus der Apotheke o. Ä.) getränkt wird. Dieses legt man auf die Rähmchen, die gerade nicht bearbeitet werden. Der intensive Nelkengeruch vertreibt die Bienen und hat wohl auch etwas Beruhigendes. Manchmal spart das den Smoker, probieren Sie es aus, es lohnt sich!

Werkzeuge für die Arbeiten am Bienenstand

Stockmeißel: Wichtigstes Werkzeug für die Arbeit an den Waben ist der Stockmeißel. Mit ihm kann man bei Magazinen die einzelnen Zargen voneinander lösen. Er hilft aber auch, Rähmchen und Waben zu entnehmen. Diese sind oft aneinander und am Kasten festgeklebt; die Bienen verwenden dazu das Kittharz Propolis, mit dem sie alle Spalten im Bienenkasten abdichten und verkleben.

Imkerbesen: Um Bienen von den Waben zu fegen, brauchen Sie einen Besen. Bienenfreie Waben braucht man zur Honigernte oder zum Umlarven, wenn man Königinnen ziehen möchte sowie um Besuchern eine Wabe ohne Bienen darauf zeigen zu können. Die meisten Bienen bekommt man schon mit einem schnellen Ruck des Rähmchens herunter; das ist sicher auch schonender für die Tiere. Die ganz hartnäckigen kehrt man dann so sanft wie möglich mit dem Besen ab.

Abraten würde ich unbedingt von dem früher gebräuchlichen Gänseflügel. Das hat hygienische und ästhetische Gründe. Einerseits sind in jeder Geflügelhaltung gesundheitsschädliche Salmonellen zu befürchten und die haben im Honig nichts zu suchen. Andererseits ist das ein Stück totes Tier, das finde ich unschön und für die Erzeugung eines vegetarischen Lebensmittels auch einfach unpassend. Die Flügel sind – zum Glück – auch schwer zu bekommen.

Notizbuch: Bewährt hat sich bei mir ein kleines Notizbuch, in dem ich die wichtigsten Arbeiten und Beobachtungen an meinen Bienenvölkern eintrage. Gerade als Anfänger ist es wichtig, nachvollziehen zu können, was man so getan und gelassen hat. Manche Imker verwenden dazu auch vorgedruckte Stockkarten oder gleich eine App.

→ Brennender Smoker mit Kiefernzapfen
↓ Die metallenen Stockmeißel sind meist knallrot lackiert, eine sinnvolle Sache, um die Werkzeuge im Gras schnell zu finden.

→ Die Wahl des Beutensystems ist größtenteils Geschmackssache.
↓ Ein Blick in die Wabengassen

Holz oder Styropor?

Ob man Beuten aus Styropor oder Holz verwendet, ist Geschmackssache. In beiden Werkstoffen kommen die Bienen schon seit Langem gut zurecht. Für die Bio-Imkerei ist Holz allerdings Pflicht und für viele Imker passt Holz einfach besser zu diesem natürlichen Hobby und in die Umgebung im Garten als eine Beute aus Styropor oder Kunststoff.

Beutensysteme und der Bee-Space

Jetzt brauchen Ihre Bienen noch ein taugliches Zuhause. Damit müssen einerseits Sie als Imker zurechtkommen, andererseits soll das Bienenvolk darin gut leben können.

Der richtige Abstand

Ein ganz wichtiges Bauprinzip ist hier der Bienenabstand oder Bee-Space. Im hohlen Baum bauen die Bienen im Abstand von etwa 35 Millimetern ihre Waben, damit ist zwischen zwei Waben gerade so viel Abstand, dass zwei Tiere gut aneinander vorbeikommen. Wenn dieser Abstand bei der Konstruktion von Beuten eingehalten wird, sowohl zwischen den Rähmchen (durch die gewählten Abstandhalter) als auch zwischen Rähmchen und Wänden etc., wird dieser Spalt kaum verbaut und alle Teile bleiben beweglich und gut zu handhaben. Entdeckt hat dieses Prinzip schon im Jahre 1851 Lorenzo Langstroth. Nach ihm ist auch die international gebräuchliche Magazinbeute, die Langstroth-Beute, benannt.

Der Bee-Space lässt sich auf alle Systeme übertragen, seien es Magazine wie Zander oder Deutsch-Normalmaß oder Alternativen wie der Top-bar hive oder die Warré-Beute.

Der Gitterboden

Ein zweiter wichtiger Bestandteil einer guten Beute ist der Gitterboden, mit dem sitzen die Völker gesund, schimmelfrei und luftig, und man kann anhand des natürlichen Varroa-Falls die Milbenbelastung der Völker beobachten. Das ist unerlässlich, um durch angemessene und zielgerichtete Behandlung die Gesundheit der Völker sicherzustellen. Diese beiden Merkmale erfüllen alle in diesem Buch beschriebenen Systeme.

Die ganze Bandbreite der Beutenvielfalt

Alles andere liegt dann im Geschmack des Imkers. Ob Sie mit einem Brutraum (Dadant) oder zweien (Zander und DN) arbeiten möchten, zargenweise wie bei der Warré-Beute oder gleich mit einzelnen Naturwaben wie bei dem Top-bar hive, macht für das Wohlbefinden der Bienen keinen Unterschied. Alle drei Beutensysteme sind bei mir am Bienenstand auch praktisch im Betrieb und haben sich mit ihren jeweiligen Eigenschaften bewährt.

Tipp:
Bevor Sie sich für ein Beutensystem entscheiden, schauen Sie es sich einmal im praktischen Betrieb bei einem Imker an. Und heben Sie unbedingt mal einen vollen Honigraum zur Probe. Welches System Sie als handlich und praktisch erleben, ist sehr individuell und nicht theoretisch abzuklären. Nützlich ist es sicher auch, das gleiche System zu haben wie die Imker in der Nachbarschaft. Man kann sich dann leichter mal mit Rähmchen aushelfen.

Das klassische Magazin – ich verwende hier Zander – hat über einem Gitterboden zwei Bruträume, darüber kommt ein Königinnen-Absperrgitter, darauf folgt der Honigraum. Beim Dadant-System hat man nur einen Brutraum mit allerdings größeren Einzelwaben, darüber kommen dann die Honigräume. Dieses System ist beliebt bei Berufsimkern. Manche bevorzugen Dadant, da fast nie – anders als bei den zweiräumigen Systemen – der schwere Brutraum gehoben werden muss..

Bei der Warré-Beute lässt man die Bienen Naturwaben direkt in die Zargen bauen, die Waben werden von den Bienen also an den Deckleisten und den Wänden befestigt. Sie sind damit nicht einzeln entnehmbar und der Imker arbeitet nur mit der ganzen Zarge.

Beim Top-bar hive (TBH) sind die Wände abgeschrägt, auch hier bauen die Bienen im Naturbau an den Oberträgern. Allerdings bauen sie die Waben nicht an den Wänden fest, damit sind diese einzeln zu entnehmen. Alle Waben liegen hier auf einer Ebene nebeneinander, sie werden nur einzeln bewegt. Sicher ein Vorteil für alle, die nicht schwer heben können oder wollen.

Die Warré-Beute – extensive Bienenhaltung

Die Warré-Beute wurde Anfang des vorigen Jahrhunderts von einem französischen Pastor entwickelt, der viele verschiedene Systeme angeschaut und ausprobiert hatte. Sein Ziel war eine Beute, die sich stark an der Biologie der Bienen orientiert und die für jedermann leicht selbst zu bauen und gut handhabbar sein sollte. Warré verwendete keine Rähmchen, sondern lässt die Bienen direkt – stabil – in die Zarge bauen.

Das Bauprinzip

Die Zarge ist quadratisch mit 30 x 30 Zentimetern, womit sie die ideale Größe für die Wintertraube der Bienen hat. Das Bienenvolk zieht sich dabei kugelförmig etwa in diesem Durchmesser zusammen und kann damit seinen Wärmehaushalt sehr gut regulieren. Das spart Energie und damit Futter. Während der Bearbeitung im Sommer kann der Imker jeweils nur die Zargen auseinandernehmen, während zwischen den Waben die Bienen die Gassen sehr gut mit ihren Körpern abdichten können. So haben sie weniger Verlust an Wärme und Nestduft und werden relativ wenig gestört.

Besonderen Wert legte Émil Warré auch auf das Dach. Es bekam ein Polster aus Heu oder Sägespänen zur Isolierung, darauf dann die hölzerne Abdeckung der Beute. Über einem luftigen Abstand kommt dann ein Satteldach. Die Bienen sind so gut geschützt.

Schwarm oder Ableger als Start

Besiedeln können Sie diese Beute entweder mit einem Ableger (also einer schon besiedelten Zarge) von einem anderen Warré-Imker oder mit *einem Schwarm*.

Den Umgang mit Schwärmen erkläre ich in einem anderen Kapitel (S. 73 ff.).

Die Waben werden von den Bienen an Oberträger-Leisten gebaut. Diese sollten Sie vor dem Einzug Ihrer Bienen mit einem Streifen Bienenwachs in der Mitte vorbereiten, an dem die Bienen dann ohne Wirrbau entlangbauen können. Das Wachs verflüssigt man hierzu im Wasserbad und zieht dann mit einer Einmalspritze auf jede Leiste eine Linie.

Ansonsten ist die Betriebsweise der im Magazin ganz ähnlich, z. B. beim Einfüttern oder bei der Honigernte mit der Bienenflucht.

Eine Besonderheit ist, dass man Ableger nur mit ganzen Zargen erstellen kann, das Bienenvolk wird also auf einen Schlag halbiert. Bei den Magazinen oder dem Top-bar hive hingegen kann man auch mal nur ein bis drei Waben für einen Ableger entnehmen.

Die Honigernte

Die zweite Besonderheit gibt es bei der Honigernte. Hier entnimmt man nach der Anwendung die ganze Zarge. Aus dieser werden die fest verbauten Waben dann herausgeschnitten. Üblicherweise genießt man dann direkt den frischen Wabenhonig, man kann die Stücke aber auch zerkleinern und z. B. mit einer Obst- oder Kartoffelpresse auspressen. *Oder man lässt die Stücke einfach über einem Sieb abtropfen.*

Aus den dabei entstehenden Wachsresten kann man beispielsweise Kerzen gießen.

Fazit: Geeignet für extensive Bienenhaltung

Insgesamt ist die Warré-Beute für die extensive – also nicht auf den großen Honigertrag ausgerichtete – Bienenhaltung eine gute tier- und menschenfreundliche Möglichkeit. Durch die schlanke Bauform, das Sichtfenster und das stilvolle Satteldach ist diese Beute mit ihrem besonderen Flair sicher auch ein Schmuckstück für den Garten.

→ Das stabile Dach der Beute bietet den Bienen Schutz vor Kälte.
↓ Sichtfenster der Warré-Beute

Blick ins Innere

Die Bienen können in der geöffneten Zarge von unten betrachtet werden. Viele Warré-Beuten haben aber auch ein Seitenfenster, durch das man einen Blick auf den Bau werfen kann, ohne die Beute überhaupt öffnen zu müssen. Ich genieße diese Möglichkeit sehr, man kann seine Neugier befriedigen und sich diesen wunderbaren Anblick einfach zum Vergnügen gönnen, ohne dass die Tiere dabei gestört werden.

→ Herzwabe

↓ Blick auf den Top-bar hive

Der Top-bar hive – eine Erfindung aus Afrika

Auch der Top-bar hive (TBH) ist ein extensiv gedachtes Betriebssystem. Er wurde tatsächlich in der Entwicklungshilfe in Afrika konstruiert und wurde dann wiederum von Imkern auf der Suche nach alternativen Beutensystemen bei uns eingeführt.

Praktisch und gut geeignet für Bestäubungsimkerei

Er ist vor allem bei Imkern beliebt, die wenig Lagerraum haben und weniger Arbeit drum herum erledigen wollen. Hier muss man keine Rähmchen vorbereiten, lagern und säubern. Man hat beim Arbeiten am Bienenvolk alle Waben in einer Ebene vor sich und muss maximal eine Wabe mit ca. zwei Kilogramm Gewicht bewegen. Eine ganze Honigzarge Zander kann dagegen gern mal 20 Kilogramm und mehr wiegen.

Das Bauprinzip

Der TBH ist im Prinzip eine Wanne mit abgeschrägten Wänden, auf die Oberträgerleisten gelegt werden, die die ganze Wanne abdecken. Die Bienen bauen ihre Waben entlang dieser Oberträger selbst, die Waben sind einzeln beweglich. Möglich macht dies auch hier wieder der Bienenabstand. Die Oberträger sind genau 35 Millimeter breit, damit haben die Waben den für Bienen idealen Abstand, der nicht verbaut wird. Am Boden werden Waben aus Hygienegründen von den Bienen nie fest gebaut, das ist der Trick bei den schrägen Wänden. Die Tiere halten immer einen kleinen Abstand zum schrägen Boden. Falls doch einmal an einzelnen Punkten fest gebaut wird, kann man diese Stellen vorsichtig mit dem Stockmeißel entfernen.

Ein altes, langes Sägeblatt ist nützlich bei der Entfernung von Wachsbrücken an den Wänden des Top-bar hive.

Im Unterschied zum Magazin oder zur Warré-Beute wird der Honig hier nicht in einer Honigzarge oben auf dem Brutnest eingelagert, sondern seitlich davon. Das Flugloch befindet sich z. B. ganz rechts an der Beute, dahinter kommt das Brutnest, dann der Pollenvorrat und ganz am linken Rand kann der Imker dann die – hoffentlich unbebrüteten – Honigwaben entnehmen.

Vorbereitung für den Einzug

Auch der TBH kann entweder mit einem Ableger aus einem anderen TBH oder per Schwarm besiedelt werden. Auch hier sollten Sie die Oberträger mit Wachsstreifen vorbereiten, wie beim Thema Warré-Beute (S. 32/33) bereits geschildert.

Die Honigernte

Die Honigernte erfolgt hier am besten mit dem Besen. Die bienenfreien Waben können dann, wie bei der Warré-Beute, ausgepresst oder abgetropft werden, das übrige Wachs kann man für Kerzen, zum Backen, für die Möbelpflege o. Ä. verwenden.

Die Magazin-Beute – der praktische Klassiker

Das vor allem im Süden Deutschlands sehr gebräuliche Zander-Magazin hat alle bereits erwähnten Grundgegebenheiten wie die Einhaltung des Bee-Space und einen Gitterboden. Durch die Rähmchen hat man den Vorteil, dass die einzelnen Waben sehr stabil sind, man kann jederzeit recht komfortabel eines herausnehmen, um ins Brutnest zu blicken oder zu sehen, was sich im Honigraum tut.

Die modernen Magazinbeuten verfügen alle über einen Gitterboden, darauf stehen eine oder zwei Zargen als Brutraum, über einem Absperrgitter folgt darüber der Honigraum. Über einem isolierten Holzdeckel kommt ein wasserdichtes Blechdach.

Die Magazine sind insgesamt sehr ausgereift und praktisch. Für die Honigernte gibt es sogenannte Bienenfluchten, um diese Arbeit für die Tiere sehr schonend zu gestalten. Zum Füttern gibt es gut passende Gefäße oder spezielle Futterzargen, und auch Ameisensäureverdunster, die zur Milbenbehandlung gebraucht werden, sind in der passenden Größe für Magazinbeuten erhältlich.

Mit den Zargen lässt sich der benötigte Raum anpassen, sei es für die Bildung von Ablegern oder bei starker Tracht. Nicht zuletzt verwende ich die Zargen auch zum Transport der Honigwaben oder um ausgebaute Waben über den Winter aufzubewahren.

Die Rähmchen

Bei meinen Rähmchen verwende ich die sogenannten modifizierten Oberträger. Deren obere Leisten sind breiter als bei den ursprünglichen Zander-Rähmchen. Das verhindert, dass sie von den Bienen im Lauf der Nutzung zu stark mit Wachsbrücken überbaut werden. Als Abstandshalter haben sich Polsternägel bewährt. Anders als bei den oben verbreiterten Hofmann-Seitenteilen aus Holz gibt es hier zwischen den einzelnen Rähmchen wenig Berührungsflächen, die die Bienen mit Propolis verkitten könnten. Insgesamt bleiben die Rähmchen so gut beweglich.

Die Mittelwände

In die Rähmchen werden fertige Mittelwände aus Wachs eingelötet. Dazu benutze ich bei kleinen Mengen ein Rillenrädchen aus Messing, für größere Mengen gibt es einen speziellen Trafo im Imkerbedarf. Genauso gut klappt es aber auch mit dem Trafo einer Modelleisenbahn. Lassen Sie an der Unterseite der Mittelwand stets etwa drei Millimeter Luft bis zum Unterträger des Rähmchens. Dann hat das Wachs in der Wärme des Bienenstocks genug Platz zum Ausdehnen und die Wabe wird nicht wellig.

Das Absperrgitter

Bevor ich die Honigräume aufsetze, lege ich immer ein Absperrgitter ein. Dadurch kann die Königin den Honigraum nicht betreten, sodass die Honigwaben sicher brutfrei bleiben. Für mich ein wichtiger Punkt bei der Erzeugung eines hochwertigen Lebensmittels. Honig aus schon bebrüteten Waben ist einfach nicht jedermanns Sache. Und nur wenn es wirklich keine Brut im Honigraum gibt, verlassen die Bienen den Honigraum, wenn ich eine Bienenflucht einlege. Diese ermöglicht eine – fast – bienen- und stressfreie Honigernte.

Folien und Wachstücher

Als Abdeckung auf den Zargen verwende ich eine durchsichtige Folie. Mit ihr wird verhindert, dass die Bienen den Deckel an der Zarge festkitten. Gleichzeitig kann man erst einmal einen Blick auf die Bienen werfen, bevor man die Folie hochnimmt und die Bienen mit Rauch in die Wabengassen treibt.

Im Idealfall verwenden Sie dafür eine lebensmittelechte Folie. Ich betreibe Upcycling und verwende die Innenfolien aus den Futtersirupkartons, die ich im Herbst zum Füttern kaufe. Viele Imker haben auch gute Erfahrungen mit einem in Bienenwachs getränkten Baumwolltuch. Auch dieses verhindert das Festkitten, lässt aber mehr Wasserdampf durch als die Folie.

→ Blick in den Honigraum von unten – unten ein Gitter zum Brutraum hin
↓ Praktisch sind Ablegerkästen in halber Breite, fünf Waben reichen für den Start und der Transport ist leichter.

→ **Vielfältige Blütenpracht in der Stadt**
↓ **Honig aus der Stadt**

Sauberer Honig – auch aus der Stadt

Da in den letzten Jahren immer mehr Bienenvölker in den Städten angesiedelt wurden, kam es natürlich auch zu Diskussionen, ob in den Städten nicht negative Umwelteinflüsse herrschen, die sich dann als Schadstoffeintrag im Honig wiederfinden. Untersucht hat man daher gezielt Honig aus der Stadt. Bisher wurden keine negativen Rückstände gefunden oder die Befunde lagen unter den extrem strengen Grenzwerten für Trinkwasser. Sogar an Flughäfen wurden Bienenvölker aufgestellt, wo man ja durch Kerosin und Diesel, Gummiabrieb und Feinstaub durchaus negative Konsequenzen befürchten könnte. Im Honig wurde nie etwas Besorgniserregendes gefunden. Die Gründe dafür sind im Wesentlichen, dass viele Pflanzen nur über kurze Zeit am Tag Nektar absondern, sonst sind die Blüten oft geschlossen und damit vor Verunreinigungen geschützt. Die Bienen filtern den Nektar durch ihren eigenen Körper. Sei es während des Transports im Honigmagen, wo schon viele Substanzen entzogen werden, sei es während der Aufbereitung und Trocknung im Stock.

Bio in der Imkerei

Oft werde ich gefragt, ob es Bio-Honig denn überhaupt geben kann. Denn natürlich fliegen die Bienen nicht nur auf die Flächen von zertifizierten Bio-Landwirten. Sie haben einen Flugradius von etwa drei Kilometern, manchmal werden aber auch deutlich weitere Strecken zurückgelegt. Kein Imker kann daher kontrollieren, wo seine Bienen ihren Nektar und Pollen sammeln.

Verwendung von Bio-Wachs

Den Unterschied beim Bio-Imkern macht der Imker. Bio-Imker verwenden nur eigenes Wachs oder eben Bio-Wachs oder lassen ihre Bienen gleich alles im Naturbau aus frischem Wachs errichten. Frisches Wachs ist wichtig, einerseits ist es eine Frage der Hygiene und damit auch der Lebensmittelhygiene. Andererseits reichern sich in altem Wachs fettlösliche Schadstoffe an, die weder den Bienen guttun noch den Honigessern. Sauberes Wachs als Lebensraum dient damit der Gesundheit der Bienenvölker.

Die Fütterung

Bio-Imker füttern die Bienen entweder mit eigenem Honig oder mit Bio-Zucker. Zum Glück steigt in den letzten Jahren auch in Deutschland und Europa die Erzeugung von Bio-Zucker und auch von Wachs aus Ökobetrieben. In den vergangenen Jahren wurde der Zucker aus Mangel nicht selten aus Übersee importiert. Dies halte ich nicht für sinnvoll, da wäre mir perönlich die Verwendung von konventionellem Zucker aus der Region deutlich lieber. Und auch der Einkauf von angeblich rückstandsfreiem Wachs aus Afrika oder Argentinien klingt für mich nicht nach einer nachhaltigen Wirtschaftsweise. Zum Glück legen immer mehr Menschen auch Wert auf eine regionale Erzeugung von Lebensmitteln.

Verzicht auf konventionelle Arzneimittel

Schließlich – und das ist die wichtigste Quelle für den möglichen Eintrag von Schadstoffen in den Honig – verzichten Bio-Imker auf konventionelle Arzneimittel zur Bekämpfung der Varroa-Milbe. Sie greifen dazu ausschließlich auf organische Säuren zurück, wie ich es Ihnen auch in diesem Buch vorstelle (siehe S. 91ff.). Die von mir verwendeten Säuren sind Milchsäure, Ameisensäure und Oxalsäure, die alle keine Rückstände im Honig oder im Wachs hinterlassen.

Bio-Richtlinien

Viele Imker wirtschaften schon immer sehr weitgehend in Übereinstimmung mit den Vorschriften über die Bio-Bienenhaltung, scheuen aber den zusätzlichen Aufwand einer jährlichen Zertifizierung.

Weitere Merkmale der Bio-Imkerei sind z. B. die ausschließliche Verwendung von Holzbeuten oder anderen natürlichen Materialien und das Verbot, die Flügel der Königinnen zu beschneiden. Generell sollen Bienen auch nach den Bio-Richtlinien nur in Gebieten aufgestellt werden, in denen sie einen weitgehend natürlichen, schadstoffarmen Lebensraum mit einer abwechslungsreichen Tracht vorfinden. Das kann auch mitten in der Stadt sein. Die Mindestanforderungen an eine Bio-Imkerei sind in den *EU-Öko-Verordnungen* festgeschrieben, darüber hinaus gibt es strengere Richtlinien von den verschiedenen Verbänden im Ökolandbau, wie z. B. Bioland, Naturland oder Demeter. Nur wer seine Imkerei nach diesen Verordnungen zertifizieren lässt, darf den erzeugten Honig als Öko- oder Bio-Honig deklarieren und verkaufen.

Wesensgemäße Imkerei

In den letzten Jahren wird viel über die wesensgemäße Imkerei diskutiert. Diese Art der Bienenhaltung wurde von der Lehr- und Versuchsimkerei Fischermühle seit dem Jahr 1985 entwickelt und orientiert sich nach den Richtlinien des Demeter-Landbaus und den Ideen von Rudolph Steiner.

So natürlich wie möglich

Die wesensgemäß arbeitenden Imker haben das Ziel, die Bienen so natürlich wie möglich leben zu lassen und die Eingriffe ins Bienenvolk auf ein Minimum zu beschränken. Sie folgen tendenziell einer sehr tierfreundlichen Betriebsweise und nehmen dafür geringere Erträge pro Volk in Kauf. Um das auszugleichen, müssen mehr Völker gehalten werden, die wiederum einen entsprechend höheren Arbeitsaufwand für die Imker bedeuten.

Schwärmen erlaubt

Insbesondere der Schwarmtrieb wird hier nicht kontrolliert und die Bienen werden prinzipiell nicht am Schwärmen gehindert. Ganz im Gegenteil, der Schwarmakt wird hier als elementares Geschehnis im Leben eines Bienenvolks und einer Königin gesehen, das einen großen Beitrag zur Gesunderhaltung und zu den Abwehrkräften eines Bienenvolks leistet. Diese Idee ist gut und richtig, denn ein Schwarm lässt das gesamte alte Wabenwerk und einen Großteil der sehr belastenden Varroa-Milben im alten Stock zurück. Selbst so bedrohliche Erreger wie die Amerikanische Faulbrut werden durch das Schwarmgeschehen dezimiert und im Idealfall völlig unschädlich gemacht.

Für ein Kilogramm Wachs verbrauchen die Bienen die Energie von etwa sechs Kilogramm Honig.

Naturwabenbau – mehr Freiheit für die Königin

Die Bienen sollen ihr Nest komplett im Naturwabenbau selbst errichten. Auch das fördert die Gesundheit. Am Anfang, nach dem Einzug des Schwarms, müssen die Bienen alle Vorräte aus ihrem Honigmagen sehr schnell für die Errichtung des Wabenwerks verbrauchen. Durch diese Diät wird die Verbreitung aller Krankheitserreger, die über Nektar und Honig verschleppt werden, sehr wirksam eingedämmt. Später hält der Naturwabenbau die jungen Arbeiterinnen ständig beschäftigt, was günstigerweise den Schwarmtrieb eines Volks etwas dämpfen kann.

Bei der wesensgemäßen Imkerei werden die Bienen auf großen Waben im einräumigen Brutraum gehalten, den die Königin ohne jede Einschränkung betreten kann. Die Demeter-Imker lehnen auch die Verwendung von Absperrgittern ab, nach ihrer Ansicht steigt die Qualität des Honigs, wenn die Königin auch in die Honigräume kann.

Lang lebe die Königin!

In der wesensgemäßen Bienenhaltung wird auch keine externe Königinnenzucht betrieben, bei der fremde Königinnen den Völkern zugesetzt werden. Hier schlüpfen die Königinnen direkt in ihrem künftigen Volk, nachdem das alte geschwärmt ist. Sie werden auch nicht turnusmäßig nach zwei Jahren aus dem Volk geworfen und durch junge ersetzt, sondern erreichen oft ihr natürliches Alter von drei bis fünf Jahren und werden dann vom Volk ausgewechselt. Auch das ist ein Aspekt der Ethik in der Imkerei, die ich auch im Bereich der konventionellen Imkerei für diskussionswürdig halte.

Imkern auf fachlich höchstem Niveau

Die Imkerei Fischermühle und der Verein Mellifera e.V. beschäftigen sich ganzheitlich mit allen Aspekten der Bienenhaltung. Sie pflegen z.B. auch künstlerische Zugänge zu dem Thema und erforschen auch ganz alte, oft sehr naturnahe Betriebsweisen oder Imkertraditionen aus dem Ausland.

Hier sind nicht Esoterik oder Ideologie am Werk, sondern eine Imkerei auf fachlich höchstem Niveau, mit viel Sachverstand über die Lebensgemeinschaften in einem Bienenvolk und seiner Umgebung. Ich meine, bei diesen engagierten Vorreitern kann man sich auch als Hobbyimker viel abschauen und einiges, wie z.B. die Verwendung von Naturwaben, zum Wohl der Bienen wenigstens versuchsweise umsetzen.

↓ Entspanntes Arbeiten mit dem Top-bar hive

Die Schwarmvorwegnahme

Entwickelt und propagiert wird auch die Technik der Schwarmvorwegnahme. Durch sehr genaue Beobachtung der Weiselzellen wird möglichst eng der Zeitpunkt des Schwarmabgangs bestimmt und dann die Königin mit einem Teil ihrer Bienen in eine Schwarmkiste abgefegt. Diese werden dann behandelt wie ein Naturschwarm und in eine neue Beute eingeschlagen. Das spart Schwarmwachen und aufwendiges Einfangen der Schwärme, erfordert aber viel Bienenverstand und eine ganz sensible, aufmerksame Beobachtung.

Wer seinen Wohlstand vermehren möchte,
der sollte sich an den Bienen ein Beispiel nehmen.
Sie sammeln den Honig, ohne die Blumen zu zerstören.
Sie sind sogar nützlich für die Blumen.
Sammle deinen Reichtum,
ohne seine Quellen zu zerstören,
dann wird er beständig zunehmen.
– Siddhartha Gautama (Buddha)

Biologie im Bienenvolk

Die Biologie eines Bienenvolks ist fast das faszinierendste Thema der Imkerei, hierzu bekomme ich die meisten Fragen von meinen Besuchern am Bienenstand gestellt. Wenn Sie verstehen, wie ein Bienenvolk tickt – und damit meine ich wirklich die zeitlichen Abläufe, z. B. bei der Entwicklung vom Ei zur Biene oder bei der Aufzucht der Königin –, können Sie als Imker viel besser mit diesem Superorganismus arbeiten. Sei es in der Schwarmzeit, bei der Vermehrung Ihrer Völker oder bei der Bekämpfung der Varroa-Milbe.

Der Bien – ein Superorganismus

Gut zu wissen:
Die Honigbienen gibt es wohl schon seit 25 Millionen Jahren auf unserer Erde.

In alten Imkerbüchern und auch bei den Vertretern der wesensgemäßen Imkerei ist oft von „dem Bien“ die Rede. Gemeint ist damit der gesamte Superorganismus Bienenvolk. Mancher Imker geht so weit, das Wabenwerk als Skelett des Biens zu sehen, die einzelnen Bienen als die Zellen dieses Organismus.

Biene und Mensch

Als Imker müssen wir sowohl die einzelne Biene mit ihrer Entwicklung und ihren Fähigkeiten kennen als auch den Bien als Ganzes verstehen. Der Bien wird oft sogar mit einem Säugetier verglichen und ist uns Menschen damit gar nicht unähnlich:

→ Bienen ernähren ihre Kinder mit selbst erzeugter Nahrung, der Ammenmilch der Arbeiterinnen.
→ Der Bien vermehrt sich nur etwa einmal im Jahr, durch den Schwarmakt.
→ Sie ziehen ihre Brut in einer Umgebung groß, die sie selbst auf rund 37 °C temperieren, die sie extrem sauber halten und die vor Umwelteinflüssen gut geschützt ist.
→ Bienen können miteinander kommunizieren und sind lernfähig.

Auch die Winterbienen werden in einer wärmeren Umgebung aufgezogen als ihre kurzlebigen Schwestern, die Sommerbienen.

Die Nesttemperatur wird von den Bienen auch gesteuert, um gezielt besondere Eigenschaften ihres Nachwuchses zu beeinflussen. Je wärmer die Puppen aufwachsen, desto besser sind wohl ihr Gedächtnis und ihre Kommunikationsfähigkeit, was dem gesamten Bienenvolk das Lernen z. B. über Trachtquellen ermöglicht.

Bienenrassen in Deutschland

Von der Westlichen Honigbiene, der *Apis mellifera,* werden bei uns verschiedene Rassen gehalten. Am weitesten verbreitet ist die graue Kärntner Biene, die *Apis mellifera carnica.* Sie wurde in den 30er-Jahren in Deutschland eingeführt. Daneben gibt es noch kleine Vorkommen der früher gebräuchlichen Dunklen Bienen *(Apis mellifera mellifera)* und immer mehr Imker verwenden gerne die Buckfast-Biene – eine Züchtung aus dem englischen Kloster Buckfast.

Die Imker können sich wunderbar streiten, welche denn nun die beste oder in Deutschland heimischste sei. Lassen Sie sich da nicht irritieren. Alle drei Rassen sind schon lange im Einsatz und haben sich bewährt. Die *Carnica* verbraucht angeblich weniger Futter, schwärmt dafür öfter. Bei der *Buckfast* ist es gerade anders herum, sie gilt als besonders schwarmträge. Und die Dunkle Biene gehört zu den gefährdeten Haustierrassen und ist deshalb besonders schützenswert. Es gibt hier vor allem Bestände in der Schweiz, in Schweden und in Polen. Bestimmt wurde aber auch an ihr in den letzten 70 Jahren viel Zuchtarbeit geleistet und sie ist mit der Dunklen Biene der 20er-Jahre in Deutschland nicht mehr vergleichbar.

Gut zu wissen:
Ein Bienennest hat rund 100.000 Zellen!

Ich selber habe mich am Anfang für die *Carnica* entschieden – eigentlich. Bis mir mein Imkervater eine *Buckfast*-Königin geschenkt hat. Beim Imkern macht das keinen Unterschied und bringt in jedem Fall Spaß. Gerade in einer Großstadt wie München sind so viele verschiedene Drohnen unterwegs, dass ein Bienenvolk, das wirklich reinrassig ist, sowieso kaum existiert. Wir haben also tatsächlich so etwas wie eine Landbienenrasse, die sich in der Großstadt etabliert hat.

Wichtige Eigenschaften – Friedfertigkeit und Widerstandskraft

Wirklich wichtig ist nicht die Rasse der Bienen, sondern ihre Eigenschaften. Wir brauchen vor allem brave Bienen, die nicht so schnell stechen. Nur mit friedlichen Bienen kann man entspannt imkern. Falls Sie wirklich ein stechfreudiges Volk haben, lohnt es sich, eine neue Königin mit hoffentlich ruhigeren Nachkommen einzusetzen. Außerdem sollten sie selten schwärmen und ruhig auf den Waben sitzen, wenn das Volk durchgesehen wird. Wünschenswert ist natürlich auch eine gewisse Widerstandskraft gegenüber Krankheiten und der Varroa-Milbe sowie ein hoher Honigertrag. Für Laien ist vieles davon aber kaum messbar.

↓ Naturbauwabe aus dem Top-bar hive

Belegstellen

Da sich alle Bienenrassen natürlich problemlos kreuzen können, gibt es, um die Zucht zu erleichtern, die sogenannten Belegstellen. Dort werden gezielt Drohnenvölker nur einer Rasse aufgestellt, zu denen man die jungen Königinnen für einige Wochen zwecks Begattung bringt.

Um hier kein Durcheinander zu stiften, gilt der sogenannte Belegstellenschutz. In einem Umkreis von mehreren Kilometern rundherum darf nur mit der Bienenrasse geimkert werden, die auf der Belegstelle gezüchtet wird. Klären Sie am besten im nächsten Imkerverein, ob sich Ihr Standort in so einem Schutzradius befindet. Sie sind dann auf eine Bienenrasse festgelegt, aber das muss kein Nachteil sein. Gerade auf den Belegstellen bekommt man oft bestes Zuchtmaterial zu einem sehr günstigen Preis.

↑ **Drohnen erkennt man gut an ihren großen Augen.**

Die drei Bienenwesen eines Volks: Königin, Arbeiterinnen und Drohnen

Vielseitige Arbeiterinnen

Die einzelnen, weiblichen Bienen, die Arbeiterinnen, übernehmen im Laufe ihres Lebens immer wieder andere Aufgaben. Als Ammenbienen bilden sie Futtersaft und versorgen damit ihre jüngeren Schwestern und Brüder. Als Baubienen schwitzen sie Wachsschüppchen aus und verbauen diese kunstvoll. Später werden sie als Wächterinnen am Flugloch eingesetzt oder sind als Sammlerinnen im Außendienst unterwegs. Es macht auch einen Unterschied, ob die Arbeiterinnen im Frühjahr oder im Spätsommer schlüpfen. Die Arbeiterinnen im Sommer werden oft nur 14 bis maximal 40 Tage alt. Ihre im Spätsommer geschlüpften Schwestern aber überdauern den Winter und werden bis zu sechs Monate alt. Sie stehen nach Monaten der Winterruhe im Frühjahr für die Pflege der ersten Brut bereit und sterben erst, wenn das Volk zahlenmäßig wieder im Aufschwung ist.

Ihre Brüder, die Drohnen

Ihre Brüder, die Drohnen, haben einen ganz anderen Lebenslauf. Sie werden nur in der Zeit von etwa April bis Juli erbrütet. Der Job der Drohnen ist es, die jungen Königinnen zu begatten. Dazu fliegen sie täglich zu den Drohnensammelplätzen, um die Königinnen zu treffen. An solch einem Drohnensammelplatz treffen sich Tausende Tiere in der Luft. Er kann sich über mehrere Kilometer erstrecken und wird über viele Jahre von Bienen von verschiedensten Standorten angeflogen. Die meisten dieser Stellen sind den Menschen nicht bekannt.

Die Drohnen werden bis zu drei Monate alt, außer ihren Ausflügen zu den Sammelplätzen besuchen sie auch andere Bienenvölker – Drohnen werden überall hereingelassen, im Gegensatz zu ihren Schwestern. Was sie dort bei der Nachbarschaft tun, ist noch unerforscht, wie so vieles im Leben der Bienen. Außerdem helfen sie wohl auch beim Heizen und der Regulation des Stockklimas.

Kommt ein Drohn bei einer Königin zum Zug, bedeutet dies übrigens gleichzeitig seinen Tod. Die Begattung wird er nicht überleben, denn dabei verhaken sich die Geschlechtsorgane, den Drohn zerreißt es in der Luft. Wenn die Saison der jungen Königinnen spätestens im August vorbei ist, werden die Drohnen nicht länger gebraucht und die Drohnenschlacht beginnt. In dieser Zeit kann man gut beobachten, wie die Drohnen von ihren Schwestern unsanft aus den Fluglöchern bugsiert werden oder entkräftet auf dem Anflugbrett herumkrabbeln.

Im Gegensatz zu ihren Schwestern entwickeln sich die Drohnen aus unbefruchteten Eiern und haben somit nur das Genmaterial der Königin, sie haben anders als die Arbeiterinnen keinen Vater.

3 – 5 – 8, die Königin ist gemacht!

Das ist sicher der wichtigste und berühmteste Merksatz der Imkerei. Er beschreibt die Entwicklung der Königin und auch den Countdown für Schwärme. Drei Tage lang dauert die Entwicklungszeit der Königin als Ei, fünf Tage als Larve und acht Tage als

Die Königin entwickelt sich damit deutlich schneller als Arbeiterinnen oder Drohnen. Die Tage als Ei brauchen alle, die Arbeiterinnen haben aber eine Entwicklungszeit von insgesamt 21 Tagen, die Drohnen brauchen noch länger – insgesamt 24 Tage.

Puppe. Nach nur 16 Tagen also ist die junge Königin schlupfreif, das Volk hat eine junge Prinzessin.

Wenn die Nachfolge gesichert ist, kann ein Schwarm abgehen. Aus diesem Grund kontrollieren Imker die Völker jede Woche auf Weiselzellen. Denn nach spätestens neun Tagen ist die Zelle verdeckelt, das ist der wirklich allerfrüheste Zeitpunkt für den Abgang eines Schwarms.

Zur Sicherheit werden von den Bienen meist mehrere junge Königinnen herangezogen. Die Kronprinzessin bringt daher zuerst alle jüngeren Konkurrentinnen, die kurz nach ihr schlüpfen würden, um. Im Alter von etwa sieben bis zehn Tagen hat sie bereits ihren Hochzeitsflug. Etwa 30 Tage nach dem Start als Ei ist die junge Regentin zurück in ihrem Volk und legt Eier. In der Hochsaison im Mai und Juni schafft sie bis zu 2 000 Eier pro Tag. Sie legt täglich dann mehr als ihr eigenes Körpergewicht.

Karriere einer Königin

Auch die Königinnen entwickeln sich, wie die Arbeiterinnen, aus einem befruchteten Ei. Den Unterschied in ihrer Entwicklung macht allein die Aufzucht in einer besonders großen, senkrecht hängenden Weiselzelle und die ausschließliche Ernährung mit Königinnenfuttersaft, dem Gelée royal.

Gut zu wissen:

Auch die fleißigsten Bienchen sind nicht von früh bis spät bei der Arbeit. Selbst Sammlerinnen verbringen mehr als 90 Prozent ihrer Zeit im Bienenstock.

Der Job der Königin klingt übrigens besser, als er ist, eigentlich hat sie nämlich nichts anderes zu tun, als Eier zu legen. Dafür wandert sie stetig über die Waben im Brutnest, immer in Begleitung eines kleinen Hofstaats, der sie rundum versorgt. Alle Entscheidungen trifft ihr Volk, die Arbeiterinnen herrschen also im Bien. Sie entscheiden, ob und wann geschwärmt wird und welche neue Wohnung das Bienenvolk wählt. Sie entscheiden, ob die Königin Eier legt oder ob es eine Brutpause gibt. Sie entscheiden, ob auch Drohnen oder nur Arbeiterinnen aufgezogen werden. In ihren Händen liegt es schließlich auch, ob die alte Königin durch eine junge Nachfolgerin ersetzt wird. Doch bis dahin kann die Königin bis zu fünf Jahre alt werden und noch mehrfach mit einem Schwarm in ein neues Heim umziehen.

Der fortwährende Charakter eines Volks

Ein Bienenvolk ist potenziell unsterblich. In der Kolonie werden ständig die Drohnen und Arbeiterinnen ausgetauscht und normalerweise beim Schwärmen – also einmal im Jahr – wird im alten Stock eine junge Königin herangezogen. Ihre Mutter zieht mit einem Teil des Volks aus. Aber der Geist bleibt – das Wissen eines Volks und sein Wesen werden an die neue Generation weitergegeben. Ähnlich unseren Ortschaften behalten Bienenvölker ihre Charakteristik, auch wenn sich die Bewohner ändern.

→ Blick in eine Brutwabe mit Eiern und Larven
↓ Wilder Wabenbau im Beutendeckel – ganz mit Honig gefüllt

Wachs wirkt wie ein Schwamm für Schadstoffe

Das Wachs hat leider auch ein gutes Stoffgedächtnis. Alle fettlöslichen Fremdstoffe wie Pestizide oder auch Medikamente, die Imker ins Bienenvolk geben, reichern sich hier an und können die Bienen schädigen und das Volk so schwächen. Dazu kommen die Hinterlassenschaften der Bienen wie Larvenkot und Larvenhäutchen, die das Wachs mit der Zeit dunkel färben und die Zellen immer enger werden lassen. Aus diesem Grund ist es auch im Sinne der Prävention gut, das Wachs im Stock regelmäßig auszutauschen. Das sichert die Gesundheit der Bienen und die Reinheit des Honigs.

Bienenwachs als Baustoff und Kommunikationsmittel

Die Waben im Bienenstock sind absolut multifunktional. Hier wird der Nektar zu Honig verarbeitet, hier lagern die Vorräte an Pollen und Honig, hier werden die jungen Bienen aufgezogen, hier schlafen die Arbeiterinnen, hier wird der Stock geheizt, hier wird mit der Tanzsprache der Bienen kommuniziert. Das Leben der Bienen spielt sich also im Wesentlichen in den Wabengassen ab.

Ganz frisches Wachs hat noch nicht die typische Farbe von Bienenwachs, die wir kennen. Es ist schneeweiß und fast transparent, erst der Gebrauch bewirkt die zarte gelbe Färbung durch Pollen und Propolis.

Bienenwachs und Nestbau

Die Arbeiterinnen schwitzen das *Bienenwachs* selbst in Form von durchsichtigen, glänzenden kleinen Schuppen aus, das sie dann mit ihren Mundwerkzeugen ordentlich durchkneten und zunächst in eine zylindrische Form bringen. Die plastische Masse wird dann erwärmt und fügt sich fast von selbst – ähnlich wie bei Seifenblasen, die aneinanderliegen – zu der typischen Form der sechseckigen Zellen aneinander.

Durchdachte Bienenarchitektur

Beim Nestbau richten sich die Bienen nach der Wabenausrichtung in ihrem Heimatnest, sie bilden hängende Ketten aus den eigenen Körpern als Lot. Das Magnetfeld der Erde hat auf den Bauplan weniger Auswirkung, als man früher dachte.

Gut zu wissen:

Bis zu 50.000 Bienen pro Volk leben in einem Bienenstock. Er enthält ca. 100.000 Zellen, wofür rund 1,2 Kilogramm Wachs benötigt werden. Der Bau ist so leicht, weil aufgrund der hexagonalen Architektur etwa 0,07 Millimeter als Wandstärke ausreichend sind, um auch mehrere Kilogramm schwere Honigwaben zu halten.

Alle 35 Millimeter fügen die Bienen in paralleler Ausrichtung eine weitere Wabe hinzu, die Wabengassen sind damit immer rund acht Millimeter breit. Genug, damit zwei Bienen aneinander vorbeikommen. Dieser natürliche Abstand ist der Bee-Space (siehe S. 31), der auch für die Konstruktion von Bienenbeuten so wichtig ist.

Die Form des Bienennests selbst ergibt sich auch aus dem Legegang der Königin und den von den Arbeiterinnen vorgegebenen Zellen. Im Inneren werden kleinere Arbeiterinnenzellen vorgegeben, am Rand auch die größeren Zellen für die Drohnen bzw. um dort schnell viel Nektar unterbringen zu können. Die Königin legt ihre Eier direkt in benachbarte Zellen und zieht dabei ihre Kreise auf den Waben. Die Brutfläche auf den Waben ist daher immer annähernd rund oder oval. Durch die parallele Anordnung der Waben ergibt sich damit die Brutkugel, die durch ihre Form – großes Volumen und geringe Oberfläche – es den Bienen erleichtert, eine gute Stocktemperatur zu halten.

Bienenbrot und Futterkranz

Direkt oberhalb und am Rand des Brutnests wird das Babyfutter aufbewahrt, der als Bienenbrot gelagerte Pollen. Die Pollenkörner werden dazu in den Zellen eingestampft und mit einem Deckel aus Wachs und Propolis luftdicht verschlossen. Der Pollen wird so über Monate konserviert. Ganz früh im Jahr kann mit diesem Vorrat an Eiweiß das Brutgeschäft beginnen, selbst wenn draußen noch kaum etwas blüht.

Über und neben dem Pollenvorrat liegt der sogenannte Futterkranz, eine möglichst dicke Kappe aus Honig über dem Brutnest der Bienen. Hier oben im Bienenstock liegt der Honig in der warmen Luft, die aus dem Nest aufsteigt. Der aus Kohlenhydraten bestehende Schatz für den Winter kann so gut trocknen und später unter einem Deckel aus Wachs gut geschützt vor etwaigen Räubern lagern.

Bienenkommunikation und Bienendemokratie

Auf jedes Sechseck ihres Wabenbaus setzen die Bienen oben einen kaum sichtbaren Belag aus Propolis und Wachs auf, der eine Art Netzstruktur bildet.

Der Tanzboden

Für den Bienentanz gibt es eigene Bereiche im Stock.

Diese Struktur ist extrem schwingungsfähig und wird als Tanzboden genutzt. Hier führen die Bienen ihre Schwänzeltänze auf, mit denen sie ihre Kolleginnen informieren, in welcher Richtung und wie weit weg ertragreiche Blüten zu finden sind. Sogar kleine Kostproben von Nektar werden hier verteilt. So einen Tanzboden können Sie als Imker leicht erkennen, wenn sie mit Rähmchen und vorgeprägten Mittelwänden arbeiten. Diese sind nämlich an allen Seiten mit Holz eingefasst und schwingen einfach nicht richtig. Ärgerlich für die Bienen. Sie helfen sich, indem sie sich einige Löcher zwischen Waben und Rähmchen einbauen. Dann schwingt die Wabe wieder und es klappt auch mit dem Tanzen.

Kommunikation im Schwarm

Aber die Bienen kommunizieren nicht nur über die Lage der Nektarquellen, sondern auch wenn sie als Schwarm ausziehen und so den Start einer neuen Bienenkolonie, die Geburt eines Bienenvolks, einleiten. Sowohl vor dem Start findet hier ein Austausch statt, als auch wenn die Schwarmtraube schon im Baum hängt. Erst stimmen sich die Bienen ab, wann genau sie die alte Behausung verlassen. Während die Schwarmtraube im Baum abwartet, suchen Spürbienen ein neues Heim und berichten dem Schwarm von ihren Wohnungsvorschlägen.

Hier spricht man zu Recht von Bienendemokratie. Die Tiere haben eine eigene Art, ihren Stockgenossinnen Vorschläge zu machen und dann über Entscheidungen abzustimmen. In jedem Schwarm findet ein komplexer Prozess statt, in dem das gesamte Bienenvolk sich für eine der künftigen Wohnungen entscheidet und dann gemeinsam dorthin aufbricht. Es ist ein beeindruckendes Schauspiel, wenn plötzlich 10.000 Bienen unter großem Getöse abheben, erst mal über der Stelle kreisen und dann als große Wolke gemeinsam davonfliegen. Der Schwarm als Ganzes bewegt sich flott mit einer Geschwindigkeit bis zu zehn Kilometern pro Stunde in die neue Behausung.

Ein Bienenvolk ist die wohl wunderbarste Art der Natur, Materie und Energie in Raum und Zeit zu organisieren. – Jürgen Tautz

HOBOS – Honey Bee Online Studies

Schauen Sie sich mal *www.hobos.de* an. Auf dieser Internetplattform der Universität Würzburg ist ein Bienenvolk live zu beobachten. Eine ganze Menge an Sensoren und Kameras liefert Daten aus dem Bienenstock und Eindrücke, die man sonst nicht bekommt. Sogar in der Nacht wird im Stock gefilmt, ohne die Tiere zu stören.

Und jedem Anfang wohnt ein Zauber inne.
– Hermann Hesse (Stufen)

Der Start mit den eigenen Bienen

Gratulation zum eigenen Bienenvolk! Ganz langsam starten wir jetzt die Sache gemeinsam und ich begleite Sie bei der ersten Autofahrt mit Ihren Bienen, beim ersten Blick in den Kasten und insgesamt durchs Imkerjahr. Freuen Sie sich auf spannende Eindrücke, neue Gerüche, Überraschungen und Herausforderungen! Denn zumindest meine Bienen halten sich durchaus nicht immer an die Abläufe aus Imkerbüchern …

→ Eine Wabengasse ganz nah
↓ Eine helle Wabe bei Sonnenschein

Finger weg von Importbienen

Dringend abraten möchte ich Ihnen von Paketbienen und Kunstschwärmen aus dem Ausland. Einerseits sind die Bienen nicht an das bei Ihnen vorherrschende Klima gewohnt, andererseits besteht eine große Gefahr, Krankheiten und Schädlinge einzuschleppen. Bei der Varroa-Milbe war dies der Fall und derzeit grassiert der Kleine Beutenkäfer in Italien, dessen Einschleppung bei uns verhindert werden muss. Der Käfer zerstört ganze Bienenstände. Billig sind diese Importbienen obendrein nicht. Im Mai und Juni gibt es die Bienen aus der Region meist günstiger als die Frühstarter aus dem Ausland.

Ableger, Schwarm oder ganzes Volk

Manche Menschen kommen ganz romantisch zu ihren Bienen, indem sich ein Bienenschwarm mit Königin in ihrem Garten niederlässt und sie so spontan und freudvoll in die Imkerei einsteigen. Einen Naturschwarm einzufangen und zu versorgen gehört zu den schönsten und emotionalsten Aspekten der Imkerei. Das kommt auf jeden Imker früher oder später zu, mehr dazu erfahren Sie im nächsten Kapitel.

Start mit einem Schwarm

Sicher können Sie sich auch nach einem Schwarm bei den Imkern der Umgebung erkundigen oder sich bei der *Schwarmbörse* im Internet anmelden. Das ist aber manchmal ein arges Geduldsspiel und man kauft mehr oder weniger die Katze im Sack. Es ist kaum vorher abzusehen, ob sich ein Schwarm gut entwickelt.

www.schwarmboerse.de

Für Einsteiger, die unbedingt loslegen wollen, ist es manchmal einfacher, einen Ableger oder ein ganzes Wirtschaftsvolk zu kaufen. Gute Ansprechpartner dafür finden Sie im nächstgelegenen Imkerverein. Manche Patenimker versorgen ihre Jungimker auch mit einem Volk. Dieser regionale Einkauf hat den Vorteil, dass Sie mit hoher Wahrscheinlichkeit ein Volk erhalten, das schon genetisch gut auf Ihren Standort und das Klima angepasst ist. Ein Volk aus dem Alpenvorland muss nicht unbedingt gut im Weinbauklima oder an der See gedeihen und umgekehrt.

Augen auf beim Kauf

Beim Kauf können Sie sich ein Volk ansehen, die Waben begutachten und einen Blick auf die Königin werfen. Schauen Sie sich auch den Bienenstand des Verkäufers an, der sollte halbwegs aufgeräumt und gepflegt sein. Die Waben sollten möglichst hell sein, das ist ein Zeichen für ein gesundes Bienenvolk.

Verlangen Sie vom Verkäufer eine Kopie des Gesundheitszeugnisses vom Veterinäramt. Diese ist Pflicht und Sie benötigen die Angaben, um Ihre Bienen wiederum selbst beim Veterinäramt anzumelden.

Bei dieser Gelegenheit bekommen Sie auch einen ersten Eindruck von Ihren neuen Haustieren! Sitzen sie ruhig auf der Wabe und lassen sich die kleine Hausdurchsuchung gefallen? Kommen Sammlerinnen mit Pollen zurück vom Einkauf? Sind im Brutnest Eier, Larven und verdeckelte Larven zu sehen?

Ein allmählicher Einstieg

Ich selbst habe mich ganz langsam an die Arbeit mit den Bienen herangetastet und im ersten Jahr nur zwei Ableger gekauft. Diese Völker sind zumindest anfangs noch viel kleiner, es muss keine Honigernte organisiert werden und auch mit der Varroa-Behandlung hat man oft nicht den starken Zeitdruck wie bei Altvölkern.

Auf diese Weise wächst man langsam in alle Tätigkeiten des Jahreslaufs hinein. Wenn man mit den Bienen im zweiten Jahr sicherer ist, kommen noch die spannenden Aspekte der Honigernte und Verarbeitung hinzu. Über den Winter habe ich die Zeit noch intensiv zum Einlesen genutzt. Aber natürlich kann es auch sehr freudvoll sein, gleich voll einzusteigen und quasi als Großimker loszulegen! Hauptsache, Sie behalten die gute Laune und den Überblick.

Der Transport – Bienenvolk auf Reisen

20.000 Damen in einem Smart transportieren? Ich kann das!

Es ist ein ganz besonderes Gefühl, die ersten Male mit einem Schwarm im Transportkasten oder mit einem ganzen Bienenvolk in der Beute durch die Gegend zu fahren. Die Bienen schaffen das aber gut und Sie mit etwas Vorbereitung sicher auch.

Die Transportkiste

Falls Sie sich entschlossen haben, mit einem Schwarm zu starten, bekommen Sie vom abgebenden Imker sicher eine gut belüftete Transportkiste mit. So eine Kiste sollte eine möglichst große Gitterfläche besitzen, damit die Bienen während des Transports viel Luftaustausch haben und damit gut die Temperatur regeln können. Wird es einem Volk zu heiß, geraten die Tiere in Panik, erzeugen noch mehr Wärme, erbrechen sich und gehen ein. Man spricht dann vom Verbrausen eines Volks.

Sprühen Sie die Tiere vor dem Start durch das Gitter gründlich mit Wasser ein, das hilft ihnen beim Kühlen!

Temperatur und Belüftung

Ein generell zu beachtender Rat ist daher, Bienenvölker nur bei *moderaten Temperaturen* zu transportieren. Tagsüber unbedingt unter 20 °C, und auch das nur auf ganz kurzen Strecken. Längere Wanderungen im Sommer sollte man unbedingt auf die kühlen Nacht- oder Morgenstunden verlegen. Wenn Sie ein Bienenvolk mit seinem kompletten Wabenwerk in seiner Beute transportieren, ist die Belüftung mindestens ebenso wichtig. Hier besteht zusätzlich die Gefahr, dass durch hohe Temperaturen das Wabenwerk schmilzt, die Tiere ersticken dann in der klebrigen Masse aus Wachs und Honig. Ein Teil der Belüftung geschieht durch den offenen Gitterboden der Beute – für längere Transporte sollten Sie den Deckel aber durch ein Transportgitter ersetzen. Und auch hier sollten die Bienen gründlich mit Wasser besprüht werden.

Ankunft im neuen Zuhause

Gut versorgte Tiere werden während der Fahrt sehr ruhig und machen keine Probleme. Am Zielort angekommen, stellen Sie die Beuten direkt am endgültigen Platz auf und nach einer kurzen Verschnaufpause können Sie auch gleich die Fluglöcher öffnen.

Einen Bienenschwarm würde ich nach dem Transport immer direkt in seine Beute „einschlagen“. Das geht so:

Schritt 1: Sie richten die Beute komplett zusammengebaut her, hängen auch gegebenenfalls Rähmchen mit Mittelwänden schon in die erste Zarge. Eine weitere Zarge wird quasi als Einfülltrichter aufgesetzt.

Schritt 2: Die Bienen in der Transportbox besprühen Sie jetzt noch mal zur Beruhigung leicht mit Wasser. Dann wird die Box ein paarmal kurz auf den Boden aufgestoßen, jetzt sollten alle Bienen auf den Boden gepurzelt sein.

Schritt 3: Dann öffnen Sie den Deckel und schütten die Tiere direkt in ihr neues Zuhause.

Schritt 4: Noch mal kurz mit Wasser besprühen, dann schließen Sie den Deckel der Beute. Das war es schon, der Umzug ist geschafft.

Alternativ kann man einen Schwarm auch einlaufen lassen. Dieses Verfahren erkläre ich im Kapitel zum Schwarmfang (siehe S. 73 ff.), da es sich eher eignet, wenn der Schwarm wenigstens eine Nacht im ruhigen, kühlen Keller verbracht hat – nicht direkt nach einem aufregenden Transport.

Die ersten Tage

In den nächsten Tagen werden die Bienen bei hoffentlich gutem Flugwetter sofort mit dem Einrichten ihrer neuen Wohnung beginnen, die Waben werden ausgebaut und Pollen und Honig eingeflogen.

Am Tag nach dem Einzug können Sie einen ersten Blick zur Kontrolle riskieren, ab dann sollten Sie auch mit der Fütterung beginnen. Schwärme und Ableger sind dankbar für diese Starthilfe. Sie kann nur bei wirklich großen Völkern und idealer Versorgung mit Pollen und Nektar im Umfeld entfallen. Füttern Sie pro Woche eine dünne Futterlösung, bestehend aus etwa einem Kilogramm Zucker, gelöst in je einem Liter Wasser. Damit unterstützen Sie den Bautrieb und halten die Völker am Wachsen. Verwenden Sie für diesen Zweck keinen gekauften Futterteig. Dieser regt den Bautrieb nicht an, was aber für die jungen Völker vor allem in Kästen ohne vorgefertigte Waben enorm wichtig ist. Auch fertiger Futtersirup oder eine Zuckerlösung im Verhältnis 3 : 2 von Zucker zu Wasser erfüllt diesen Zweck nicht. Sobald der Ausbau der Waben geschafft ist, können Sie immer noch auf diese bequemeren Alternativen umsteigen.

→ Die ersten Pollen werden eingeflogen.
↓ Wagen Sie einen vorsichtigen Kontrollblick nach dem Einzug.

Die erste Durchsicht

Schauen Sie unbedingt in Ihre Bienenvölker, aber nicht stundenlang und ständig. Ein Guckimker schadet mehr, als er nützt. Sinnvoll ist eine Durchsicht bei Jungvölkern und in der Schwarmsaison jede Woche, aber immer konzentriert und zügig. Länger als 10 bis 15 Minuten sollten Sie auch dann nicht stören.

Der neugierige Imker
Er guckt um vier schon früh am Morgen,
und spät am Abend guckt er noch:
Guckt mit Vergnügen, guckt mit Sorgen,
guckt in die Gassen, guckt ins Loch.
Er guckt, wenn scharf die Stürme gehen.
Er guckt nach Überfluss und Not.
Er guckt, wenn lau die Lüfte wehen.
Er guckt die armen Tierchen tot.
– Franz Tobisch

Aber jetzt der Reihe nach

Schritt 1: Legen Sie sich in Ruhe alles Nötige zurecht: Hut mit Schleier und Handschuhe, Stockmeißel und Bienenbesen, Smoker mit Feuerzeug und Rauchmaterial sowie eine Notizmöglichkeit.

Schritt 2: Jetzt zünden Sie Ihren Smoker an – ganz unten das Zündmaterial wie Grillanzünder aus Holzwolle oder Eierkartons. Wenn das gut brennt, geben Sie den gewählten Rauchstoff dazu, schließen den Deckel und betätigen gleich ein paarmal den Blasebalg, damit es raucht.

Schritt 3: Schleier und Handschuhe jetzt erst anziehen, diese sind beim Feuermachen eher hinderlich. So gerüstet, geben Sie Ihrem Bienenvolk zwei bis drei kurze Rauchstöße durch das Flugloch. So melden Sie sich als Imker schon mal an und unterbrechen durch den Rauch die Alarmkommunikation der Bienen. Die Wächterinnen hinter dem Flugloch sind daher die erste Adresse.

Schritt 4: Dann öffnen Sie den Deckel und geben einen ersten Rauchstoß unter die Abdeckfolie, die erst danach komplett abgezogen wird. Die Bienen ziehen sich vor dem Rauch nach unten zurück.

Schritt 5: Beim Magazin oder dem Top-bar hive können Sie jetzt eine Randwabe mit dem Stockmeißel etwas lockern und dann ziehen Sie am besten die zweite Wabe heraus. Rufen Sie sich noch mal den Aufbau eines Bienennests (siehe S. 51 ff.) in Erinnerung. Hier am Rand findet sich oft neben einem Vorrat an Honig auch der erste Pollen. Auf Wabe drei kommt eventuell schon die erste Brut. Sie sehen Eier, Larven oder auch verdeckelte Brut. Die Diagnose heißt also: Brut in allen Stadien – damit können Sie sicher sein, dass eine Königin im Volk ist, die Eier legt. Das ist das Wichtigste. Sobald Sie das gesehen haben, ist die erste Durchsicht schon geschafft!

Bei einer Warré-Beute können Sie keine einzelnen Waben ziehen. Kippen Sie stattdessen die erste ausgebaute Zarge an und werfen Sie einen Blick von unten in die Wabengassen. Auch so kann man Vorräte oder Brut sehen, eventuell ist hier eine Taschenlampe ganz hilfreich.

Jetzt riechen Sie mal! Der wunderbare Duft der Stockluft, nach Pollen und Propolis, Wachs, hoffentlich bald nach Honig und immer ganz nach Bienenglück! Die Stockluft wird übrigens sogar von einzelnen Heilpraktikern zur Therapie eingesetzt.

Schritt 6: Wenn die Folie wieder aufgelegt ist, dürfen Sie sich auch mal trauen, die Handschuhe auszuziehen. Fassen Sie mal direkt auf die Folie, da spürt man auch die Stockwärme, die vom gut geheizten Brutnest ausgeht.

Schritt 7: Jetzt können Sie Ihr Jungvolk gegebenenfalls noch füttern, dann den Kasten zügig wieder verschließen. Den Smoker löschen Sie einfach, indem Sie ihn auf die Seite legen und mit einem Korken oder etwas Laub oder einem Grasbüschel verschließen. So wird das Feuer erstickt. Jetzt ist auch Zeit für eine kurze Notiz, später können Sie so die Entwicklung Ihrer Bienen besser nachvollziehen. Schreiben Sie auch auf, wie viel jeweils gefüttert wurde. Das ist wichtig, um die Vorräte abschätzen zu können.

Die Fluglochbeobachtung – eine wichtige Ergänzung zur Durchsicht

Die alten Imker mit viel Zeit waren manchmal Großmeister der Fluglochbeobachtung. Am Verhalten der Bienen vor ihrer Haustür kann man schon viel erkennen. Sie können eine ganze Menge herausbekommen, wenn Sie mal von außen einen Blick auf die Beute oder das eingeschobene Bodenbrett werfen ... Das kann Ihnen und den Bienen so manche aufwendige Durchsicht ersparen.

→ Arbeiterinnen, die Pollen eintragen, deuten darauf hin, dass gebrütet wird.

→ Auffällig schwarze Bienen, die sich vor dem Eingang mit den Wächterinnen rangeln, sind ein Alarmsignal, hier wird Futter geraubt! Diese schwarzen Bienen haben ihre Haare bei Kämpfen verloren, was sie dann dunkel erscheinen lässt.

→ Kot auf dem Anflugbrett deutet auf Durchfallerkrankungen wie Nosema hin.

→ Wie viel Bienenflug herrscht? Sind die Bienen unruhig oder angriffslustig?

→ Bei welchem Wetter herrscht mehr oder weniger Betrieb als sonst?

→ Ziehen Sie auch mal die Varroa-Schublade heraus: Durchsichtige frische Wachsschuppen und Wachskrümel auf dem Bodenbrett zeigen an, dass hier gebaut wird

→ An dunklen Krümeln sieht man, dass Jungbienen schlüpfen – das sind die Reste der Verdeckelung der Zellen.

→ Sind Varroa-Milben zu sehen? Wie viele? Dunkle, helle Exemplare?

Lauschen Sie auch ruhig mal an der Seitenwand einer Beute. Bei Kälte im Winter hört man das Summen, wenn geheizt werden muss. An warmen Tagen während der Tracht wird warme und feuchte Luft aus dem Stock gefächelt, sodass man den Honigduft bereits von außen riechen kann. Und beim Füttern im Spätsommer hört man, wie der Futtersirup geschlürft wird. Wenn Sie im Winter kurz von außen anklopfen, brausen die Bienen auf. Beruhigen Sie sich danach schnell wieder, ist das ein gutes Zeichen. Die Königin ist da und das Volk ist ruhig und in Harmonie.

Jahresfahrplan für Bienen und Imker

Die Bienen arbeiten das ganze Jahr, der Imker nur das halbe. Denn in der kalten Hälfte des Jahres gibt es zumindest draußen an den Bienenkästen nichts zu tun. Die Arbeit an den Bienen findet im Wesentlichen von Mitte März bis Ende September statt.

Josefi (19. März) weckt die Bienen auf, Matthäus (21. September) deckt die Bienen zu. – Aus einem alten Bauernkalender

Winterruhe – die störungsfreie Zeit

Ausnahmen bilden dabei nur die Varroa-Behandlung im Dezember und eine kurze Futterkontrolle ab Februar, wodurch man aber die Bienenvölker während ihrer Winterruhe jeweils nur wenige Minuten stört. Die Bienen sitzen während der kalten Jahreszeit in der Wintertraube und wärmen sich gegenseitig. Um die Wintersonnenwende – also um Weihnachten herum – wird die erste Brut gepflegt. Vorher hatte die Königin eine Legepause. Wegen des immer milderen Klimas fällt diese in den letzten Jahren oft ganz aus oder ist nur sehr kurz.

Das Frühjahr – Hochbetrieb im Bienenstock

Im Frühjahr wird viel mehr Futter verbraucht als während der Brutpause im Winter.

Ab dem zeitigen Frühjahr wachsen die Völker wieder, so sind sie im Vollfrühling stark genug, um das große Blühen bereits richtig nutzen zu können. Jetzt fliegen auch die ersten Bienen wieder aus, sie holen oft unter Lebensgefahr bei noch kaltem Wetter Wasser zur Versorgung der Brut. Über den Winter haben die Bienen auch ihren Standort vergessen. Daher kann man im Frühling kleine Wolken von Arbeiterinnen vor den Fluglöchern beobachten, die sich im Rückwärtsgang auf ihr Zuhause einfliegen.

Im Februar hebe ich die Völker hinten kurz an und werfe einen Blick durch die Folie, um abschätzen zu können, ob noch genügend Futter für die nächsten Wochen da ist. Wenn nötig, wird noch mal nachgefüttert, das ist aber eine seltene Ausnahme.

Ab dem Zeitpunkt der Salweidenblüte etwa Mitte März bekommen die bisher einräumigen Völker vom Imker einen zweiten Brutraum aufgesetzt. Mit Beginn der Kirschblüte im April kommt zum ersten Mal im Jahr richtig viel Nektar herein. Jetzt wird über dem Absperrgitter der Honigraum aufgestockt.

Ab Mai beginnt die Vermehrungssaison und die Bienen fangen an zu schwärmen, ein besonders romantischer Monat in der Imkerei. Die Bienen sind in bester Laune! Jetzt ist der Höhepunkt der Entwicklung erreicht, bis zu 60.000 Tiere leben in einem Volk. Ab diesem Zeitpunkt ist es auch angebracht, jede Woche zu kontrollieren, ob die Bienen schwärmen wollen, und dies im Zweifelsfalle zu verhindern. Der Mai ist daher auch der richtige Monat, um Ableger zu bilden, um so bis zum Herbst mit etwas Pflege eigene Jungvölker heranzuziehen.

Der Sommer – Zeit für die Honigernte

Im Juni und Juli steht die Honigernte für den Imker an. Der Höhepunkt für den Imker! Für die Bienen dagegen geht es ab der Sommersonnenwende Ende Juni schon wieder bergab im Jahreslauf. Sie bereiten sich auf den Winter vor. Bereits jetzt wird weniger junge Brut aufgezogen, bis zum Winter schrumpfen die Völker auf etwa 10.000 Tiere. Nach der Honigernte muss der Imker die Vorräte seiner Völker wieder ersetzen, jetzt wird gefüttert. Jedes Volk erhält 15 bis 20 Kilogramm Zucker in Form einer Siruplösung.

Ziel ist es immer, gesunde und starke Völker zu haben, die Ihnen einen guten Honigertrag bringen und dann mit genügend Vorräten gut überwintern.

In der Zeit von Juli bis September ist auch die Gelegenheit, alte Waben auszusondern. Das Wichtigste in dieser Zeit ist neben dem Füttern die fachgerechte Bekämpfung der Varroa-Milbe. Wenn dieser Parasit nicht gezielt dezimiert wird, kommen die Völker gar nicht oder nicht gesund durch den Winter.

Der Herbst – die ruhige Zeit beginnt

Ende September werden die Völker endgültig in die Winterruhe entlassen. Nun ist Zeit, drinnen weiterzuarbeiten. Honig ist zu rühren und abzufüllen, zu verschenken und zu verkaufen. Gebrauchte Beuten und Rähmchen werden fürs neue Jahr hergerichtet.

In den nächsten Kapiteln gehe ich mit Ihnen einmal komplett durchs Bienenjahr und stelle alle Arbeiten vor, die Sie erledigen müssen.

↓ **Eine schöne Majestät**

Königinnensuche

Manchmal sucht man in einem Volk die Königin und findet sie schnell. Oft ist die Dame im großen Gewühl ihres Volks aber auch kaum zu finden. Oder sie ist ganz ohne ein buntes Plättchen auf dem Rücken unterwegs und schwerer zu sehen. Hier hilft ein Trick: Hängen Sie eine Wabe mit offener Brut aus einem anderen Volk in den Kasten. Durch den Duft der Konkurrenz angelockt, kommt die Königin, um nachzusehen, wer sich in ihrem Reich herumtreibt. Auf der neu hinzugehängten Wabe ist sie also sicher bald zu finden, das dauert manchmal kaum zehn Minuten.

Entwicklung einer Wabe

Bienen bauen ihre Waben nicht wie Wespen aus einer papierähnlichen Masse, bestehend aus Holz, sondern aus Wachsplättchen, die sie selbst ausschwitzen. In Wachsdrüsen am Hinterleib werden diese Wachsplättchen produziert, dann von den Bienen geknetet und zu Waben verbaut.

Auch ohne vorgeprägte Mittelwände werden die Waben schön regelmäßig errichtet. Ganz nach Bedarf gibt es kleinere Arbeiterinnenzellen oder größere Zellen für die Aufzucht der Drohnen. In beiden Zellenarten kann Honig eingelagert werden.

Bauen können die Bienen nur, wenn sie gut versorgt sind. Entweder es herrscht eine gute Tracht und viel Nektar kommt von den Sammlerinnen herein oder der Imker muss mit dünnflüssiger Fütterung nachhelfen, also Zuckerwasser im Verhältnis 1 : 1 innerhalb des Bienenkastens bereitstellen. Um ein Kilogramm Wachs herzustellen, brauchen die Bienen etwa sechs Kilogramm Honig als Treibstoff!

Ob tatsächlich gerade gebaut wird, kann man gut auf der Bodeneinlage sehen. Immer wieder verlieren die Tiere ein paar Wachsplättchen, diese durchsichtigen und glänzenden Krümel findet man dann zwischen Pollen und sonstigem Gemüll.

Die Waben werden mehrfach genutzt. Nachdem sich eine Biene entwickelt hat und aus ihrer Zelle geschlüpft ist, hinterlässt sie Larvenkot und Puppenhaut. Diese Rückstände bleiben auch drin, die Arbeiterinnen reinigen nur die Oberflächen der Zelle, bevor die Königin das nächste Ei legt. Mit der Zeit wird so die Wabe immer dunkler und enger, denn mit jeder Brut kommt eine weitere Schicht dazu.

Dunkle Waben sind anfälliger für Wachsmotten, die in der Natur die alten Waben fressen und so entsorgen. Gleichzeitig nimmt auch die Belastung durch Krankheitserreger zu. Aus diesem Grund betreiben die Imker Wabenhygiene, d. h., nach spätestens zwei bis drei Jahren werden die alten Waben entnommen und eingeschmolzen.

← Eine Wabe kann mehr als zwei Kilogramm Honig enthalten. Das Wachs selbst wiegt dabei kaum mehr als 100 Gramm, das ist Verpackungskunst vom Feinsten.

Schieben Sie auch im Frühjahr mal für drei Tage einen Varroa-Boden ein, daraus ergibt sich eine erste Abschätzung, wie stark ein Volk mit Milben belastet ist.

Frühjahrsarbeiten

Im Februar und März fangen die Bienenvölker im Regelfall wieder an zu brüten. Ab diesem Zeitpunkt muss wieder mehr geheizt werden. Ein Bienenvolk ohne Brut kommt mit 20 °C – quasi Zimmertemperatur – im Kern seiner Wintertraube aus. Die Brut braucht aber Temperaturen um 35 °C. Durch diesen Aufwand fürs Heizen steigt der Futterverbrauch enorm an.

Die Bienen starten mit dem Brutgeschäft

In einem milden Frühjahr wird sehr schnell ganz viel Brut angelegt. Falls sich der Winter aber hinzieht, warten auch die Bienen mit ihrer Entwicklung noch etwas ab. Schwierig ist ein stark wechselnder Witterungsverlauf. In milden Phasen wird dann viel Brut angelegt, die bei einem erneuten Wintereinbruch weiter warm gehalten werden muss. Ein Kraftakt für die Bienen!

Dies ist auch der Grund, warum die Gitterböden in den Bienenkästen über den Winter unbedingt offen gelassen werden sollten. Die Tiere sind dann unmittelbar der Witterung und den Frösten ausgesetzt und brüten nicht zu früh. Eine Brutpause im Winter ist der Gesundheit der Bienenvölker grundsätzlich eher zuträglich. Einerseits spart das Energie, andererseits kann sich während dieser Zeit auch die Varroa-Milbe nicht vermehren. Sie braucht dazu unbedingt die Brut der Bienen.

Den Futtervorrat kontrollieren und nachfüttern

Bereits im Februar ist es daher sinnvoll, den Futtervorrat der Völker zu kontrollieren. Dazu hebe ich die Kästen von hinten mit einer Federwaage an, um das Gewicht der Vorräte abzuschätzen. Zu diesem Zweck sollten Sie auch wissen, was ein leerer Kasten mit Rähmchen und Wachs wiegt. Die Bienen selbst wiegen im Winter ein bis zwei Kilogramm. Mindestens zehn Kilogramm Futter sollten Ende Februar noch verfügbar sein.

Sie können auch von oben einen Blick durch die Folie auf die Bienen werfen. Oben auf den Waben sollten noch verdeckelte Futterkränze sichtbar sein. Im Notfall muss nachgefüttert werden. Geeignet sind dazu eigener Honig aus dem Vorjahr, Futterwaben von einem zu gut versorgten Nachbarvolk, die direkt neben die Bienen gehängt werden, aber auch Futtersirup. Fester Futterteig eignet sich nur bei relativ warmem Wetter, weil die Bienen zur Verarbeitung Wasser brauchen, das Sammlerinnen draußen suchen müssen. Bei Kälte ist das nicht möglich.

Königinnensuche – werden Eier gelegt?

Frühestens in der zweiten Märzhälfte, nach dem ersten Reinigungsflug, sollten Sie mal tiefer in den Bienenkasten schauen und auch Waben herausziehen. Die Kontrolle dient vor allem dazu, festzustellen, ob die Königin vorhanden ist und Eier legt. Sobald Sie Eier oder Brut finden, sollten Sie den Kasten wieder schließen.

Brutraumerweiterung bei Zander-Beuten

Um die Zeit der Salweidenblüte Ende März werden die Völker in Zander-Beuten, die nur auf einer Zarge überwintert haben, auch um den zweiten Brutraum erweitert. Dazu wird eine Zarge mit Rähmchen und Mittelwänden einfach oben draufgesetzt.

Falls Sie genug ausgebaute Waben vom Vorjahr im Lager haben, gibt es unter Umständen auch drei bis vier ausgebaute Waben in der Mitte der Zarge. Mehr aber nicht, die Bienen sollen ja auch noch selbst bauen, das dämpft den Schwarmtrieb. Hängen Sie jetzt auch den Baurahmen ein, also ein komplett leeres Rähmchen ohne Drähte und Mittelwand. So können Sie später den Drohnenbau herausschneiden, eine biotechnische Methode zur Varroa-Bekämpfung.

Anbau von Waben bei Top-bar hive und Warré-Beute

Beim Top-bar hive hängt man einfach bei Bedarf weitere Leisten seitlich des Brutnests dazu. Die Bienen können dann weitere Waben im Naturbau ganz nach ihrem Bedarf bauen. Bei der Warré-Beute wird ebenfalls zargenweise erweitert. Hier bekommen die Bienen eine völlig leere Zarge unter die beiden schon besiedelten Zargen gesetzt und bauen diese auch komplett selbstständig aus. Falls sich nach etwa zwei Wochen noch nichts tut, kann man an den untersten Waben der alten Zarge die Spitzen abschneiden. Durch diese kleine Zerstörung kommt der Reparaturdrang der Bienen in Gang und sie bauen bei guter Tracht ganz schnell auch die weitere Zarge aus.

Noch mehr Platz schaffen

Unter www.bienenkunde.rlp.de gibt es ein Blühphasen-Monitoring. Hier tragen Imker z. B. den Blühbeginn der Kirsche in ihrer Region ein. Damit lässt sich die Vegetationsentwicklung in Deutschland gut verfolgen.

Mit dem Beginn der Kirschblüte – meist im April – gehen die Erweiterungen weiter. Jetzt ist das Nektarangebot groß, die Völker sind in einer starken Phase und brauchen unbedingt Platz für den Frühjahrshonig, der ja vor allem aus den Obstblüten gemacht wird. In schneller Folge blühen jetzt Kultur- und Wildobst wie Kirschen, Äpfel, Schlehen und Weißdorn.

Beim Zander-Magazin wird wieder eine komplette Zarge als Honigraum aufgesetzt, auch diese eventuell mit einigen ausgebauten Waben im Kern, am Rand mit Mittelwänden bestückt. Zwischen den Brutraum und den frischen Honigraum wird das Absperrgitter eingelegt, damit bleiben die Waben hell und brutfrei, der Honig bekommt das zarte Wachsaroma und keinen Fehlgeschmack aus bebrüteten Waben.

Beim Top-bar hive werden weitere Leisten zugehängt, damit die Bienen genug Platz für den Honig haben. Sie lagern ihn ganz von selbst neben ihrem Brutnest ein – aber nur, wenn wirklich genügend Platz dafür ist. Und bei der Warré-Beute wird wieder eine ganze Zarge hinzugefügt, diesmal allerdings wird sie oben auf die bestehenden Zargen aufgesetzt. Auch hier wird der Honig oberhalb des Brutnests eingelagert, er kann dann notfalls auch mit der Bienenflucht geerntet werden. Mehr dazu erfahren Sie im Kapitel zur Honigernte (siehe S. 103 ff.).

Im Mai geht es los mit den ersten Schwärmen bzw. mit den Versuchen der Imker, genau diese zu verhindern. Gleichzeitig werden die ersten Ableger gebildet und Drohnenrahmen geschnitten. Darauf gehe ich ausführlich in den folgenden Kapiteln ein.

Sommer am Bienenstand

Jetzt in den Monaten Juli und August – nach der Sommersonnenwende – werden die Tage schon wieder kürzer und die Sonne verliert spätestens im September spürbar an Kraft. Die Bienen bereiten sich schon wieder auf den Winter vor. Der Honig ist eingelagert, falls die Völker nicht geschwärmt sind, halten sich jetzt etwa 30.000 bis 50.000 Bienen in einem Kasten auf.

Ein gutes Pollenangebot auch spät im Jahr sorgt für fitte Winterbienen.

Winterbienen-Brut

Langsam wird wieder weniger gebrütet, im Oktober sind viele Völker dann schon komplett ohne Brut. Ab August werden die Winterbienen erbrütet, sie werden den gesamten Winter überleben und im Frühjahr noch die erste Brut aufziehen. Anders als ihre viel kurzlebigeren Schwestern im Sommer fressen sie sich dafür einen großen Fett-Eiweiß-Körper an und speichern so wichtige Proteinvorräte für den Frühling.

Varroa-Milbe behandeln und Zuckersirup füttern

Nach dem Ernten des Sommerhonigs werden die Völker gegen die Varroa-Milbe behandelt und die Wintervorräte müssen durch die Imker wieder mit Zuckersirup ersetzt werden. Dies sollte möglichst bald nach der Honigernte geschehen, damit die Völker nicht in Not geraten. Gleichzeitig wird so erreicht, dass die Sommerbienen noch die anstrengende Arbeit beim Einlagern des Futters übernehmen und die Wintermannschaft geschont wird. Sie brauchen ihre ganze Kraft im nächsten Frühjahr.

→ Mein Bienenstand im Herbst
↓ Weideblüte

Herbst und Winter

Wiegen und Vorräte auffüllen

Spätestens gegen Ende September sollten die Völker ausreichende Futtervorräte haben; in kalten Witterungsphasen nehmen sie jetzt kaum noch Futter an. Jetzt ist es Zeit, die Völker einmal zu wiegen und im Notfall die Vorräte noch mal zu ergänzen.

Varroa-Milben kontrollieren und behandeln

Wenn es kälter wird, gehen die Bienen auch immer wieder in die Wintertraube; sie ziehen sich als Kugel zusammen und halten so sehr gut die Wärme.

Ein Problem um diese Jahreszeit kann auch die Reinvasion durch Varroa-Milben sein. Schieben Sie daher unbedingt noch mal für einige Tage die Bodenbretter in die Beuten ein, um sehen zu können, wie viele Milben fallen. Notfalls muss auch jetzt noch einmal behandelt werden.

Die Ruhephase beginnt

Die letzten warmen Tage werden noch mal genutzt, um die Kotblase zu entleeren, in strengen Winter gibt es ja durchaus mal mehrere Monate keine Gelegenheit zum Fliegen und damit keine Toilette. Die ausdauernden Winterbienen haben jetzt ihre Ruhephase, ähnlich wie die schon auf den Frühling wartenden Knospen von Bäumen und Sträuchern. Aber bereits ab der Wintersonnenwende, mitten in der kalten Jahreszeit, beginnt schon wieder die Vorbereitung auf den blühenden Frühling. Die erste Brut wird gepflegt, das Volk wächst bald wieder!

→ Ein Bienenstand im Winter
↓ Ein stabiles Dach der Beute ist das A und O.

Isolation

Speziell isolieren oder einpacken müssen Sie Ihre Bienenvölker nicht. Wichtig ist ein dicht schließender Deckel, damit die von den Bienen mühsam erzeugte Wärme nicht nach oben entweichen kann. Die Gitterböden bleiben während des Winters geöffnet.

Bienen schwärmen für den Frühling, Imker nicht immer ...

Schwarmzeit und Vermehrung

Schwärme sind etwas Fröhliches und Gesundes. Und ein sich gut entwickelndes Jungvolk ist wunderbar zu beobachten. Jetzt braucht es Handwerkskunst, manchmal Spontaneität und imkerlichen Sachverstand. Ganz viel Wissen zur Biologie der Bienen können Sie jetzt praktisch anwenden und so beste Voraussetzungen für die Gesundheit der Bienen und eine gute Ernte im nächsten Jahr schaffen.

Schwärme und Schwarmfang

Im Mai beginnt die Schwarmsaison. Das ist mir eigentlich die liebste Zeit im Jahr. Als Stadtimkerin versuche ich, Schwärme natürlich zu verhindern, um keine Ängste in meiner Umgebung auszulösen. Bei Freunden im Allgäu konnte ich schon öfter den Auszug eines Schwarms erleben. Ein Naturschauspiel mit ganz besonderen Flair. Innerhalb weniger Minuten quellen Zehntausende von Bienen aus ihrem Kasten. Nach kurzer Zeit lassen die Schwärme sich meist auf einem Strauch oder Baum in der Nähe nieder. Ich hatte schon öfter das Glück, dass sich der Schwarm in bequemer Arbeitshöhe niedergelassen hat. Die Truppe dann wieder einzufangen ist ein besonderes Vergnügen, schließlich hat man danach immerhin ein Bienenvolk mehr.

Die Bienen eines Schwarms sind meist sehr entspannt und friedlich. Es ist kein Problem, mitten in solch eine Wolke zu spazieren und sich das ganz aus der Nähe anzusehen.

Und das braucht man zum Einfangen

Wassersprüher, Bienenbesen, Schwarmfangkorb, gegebenenfalls Handschuhe und Schleier – als Schwarmfangkorb hat sich bei mir ein Papierkorb aus Drahtgewebe bewährt. Verwendbar ist aber auch ein großer Karton oder ein großer Eimer, wenn beide luftig mit einem Absperrgitter abgedeckt werden.

Zum Einfangen gibt es auch Schwarmfangbeutel an Teleskopstangen, das erspart einem *gewagte Aktionen auf hohen Leitern*.

Bevor Sie sich auf wackelige und waghalsige Situationen einlassen, würde ich dazu raten, einen Schwarm notfalls besser ziehen zu lassen. Unfälle muss man sich mit einem Hobby nicht antun.

Den Schwarm einfangen

Schritt 1: Einen am Ast hängenden Schwarm sprühen Sie mit Wasser ein, die Bienen ziehen sich dann enger zusammen, der simulierte Regen hindert sie am Abfliegen.

Schritt 2: Halten Sie Ihren Schwarmfangkorb direkt unter die Bienentraube, durch einen kurzen Ruck am Ast fällt der größte Teil des Schwarms – hoffentlich samt der Königin – in den Korb. Notfalls helfen Sie mit dem Bienenbesen noch vorsichtig nach.

Schritt 3: Den gut gefüllten Korb decken Sie dann mit einem Absperrgitter ab und stellen ihn an einen schattigen Platz. Durch das Absperrgitter kann die Königin nicht entweichen und die draußen noch verbliebenen Bienen können sie durch das Gitter gut riechen und krabbeln in den nächsten Stunden nach und nach in den Korb.

Schritt 4: Am frühen Abend kommt noch ein Abdeckbrett auf den Korb, damit ist alles bienendicht verschlossen.

Schritt 5: Über Nacht kommt der ganze Schwarm in einen kühlen Keller oder Schuppen. Hier können sich die Tiere beruhigen und als Volk zusammenfinden. Alte Imker reden davon, dass die Bienen ihren „Schwarmdusel" aushängen müssen. Das Aufketten in der Traube hat tatsächlich eine wichtige soziale Funktion beim Ausleben des Schwarmtriebs, mit dem sich das ursprüngliche Volk ja teilt, also vermehrt. Gleichzeitig verbrauchen die Tiere in dieser Zeit ohne Futter den im Honigmagen mitgebrachten Vorrat, so werden z. B. die Erreger der Faulbrut wirksam dezimiert.

Die „Kellerhaft" dient somit gleichzeitig der Gesundheitsvorsorge.

Schritt 6: Am nächsten Morgen oder spätestens nach zwei Tagen ist es Zeit für den Einzug in die neue Behausung. Sie können den Schwarm unbesorgt am selben Bienenstand unterbringen, die ausgezogenen Bienen haben ihre alte Haustür sozusagen vergessen und fliegen sich neu ein.

Zwei Methoden, um den Schwarm in den Kasten zu bekommen

Einschlagen: Beim sogenannten Einschlagen bereiten Sie den neuen Bienenkasten komplett vor, gegebenenfalls auch mit einigen Rähmchen. Stoßen Sie den Schwarmfangkorb einmal kurz auf den Boden auf, dadurch purzeln alle Bienen nach unten. Jetzt können Sie die Bienen einfach in die neue Beute schütten.

Einlaufenlassen: Bei dieser Methode benötigen Sie mehr Zeit, der Vorgang hat dafür aber etwas sehr Natürliches, denn die Bienen ziehen selbst in ihr neues Zuhause ein. Stellen Sie ein großes Brett als Rampe vor das Flugloch der neuen Beute. Darauf befestigen Sie ein großes helles Tuch, auf welches Sie nun die Bienen kippen. Diese laufen instinktiv nach oben in Richtung Flugloch und entdecken so bald ihr neues Zuhause. Falls es zu lang dauert, können Sie vorsichtig mit einem Löffel nachhelfen und einige Bienen so vor die neue Haustür schaufeln. Sobald die Tiere begriffen haben, wo es langgeht, sterzeln erste Arbeiterinnen vor dem Flugloch und legen den nachfolgenden Bienen eine Duftspur zum Eingang. Bald ziehen auch die restlichen Bienen eine nach der anderen ein!

Bei Trachtlücken füttern Sie den Schwarm in kleinen Portionen, siehe Seite 86.

Die ersten Tagen nach dem Einzug eines Schwarms sind auch die ideale Zeit, um die Bienen mit Milchsäure gegen die Varroa-Milbe zu behandeln. Nehmen Sie die Waben heraus und besprühen Sie diese auf jeder Seite mit etwa vier Milliliter Milchsäure (mehr dazu Seite 95). Sinnvoll ist es, diese Behandlung nach drei bis vier Tagen noch mal durchzuführen, damit haben Sie etwa 80 Prozent der Milben entfernt und das neue Volk kann sich gesund entwickeln.

↓ Hier hat sich ein Schwarm niedergelassen.

Vorschwarm, Nachschwarm, Singerschwarm

Damit beschreiben Imker verschieden zusammengesetzte Schwärme. Beim Vorschwarm ist etwa das halbe Volk mit der alten Königin unterwegs. Beim Nachschwarm war das Volk nach dem ersten, dem Vorschwarm, stark genug, sich noch mal zu teilen. Jetzt ist also die erstgeborene Jungkönigin mit einem weiteren Teil des Volks ausgezogen und die zweite oder dritte ihrer Schwestern übernimmt die Regentschaft im Ausgangsvolk. Nachschwärme sind immer kleiner als der Vorschwarm. Beim Singerschwarm ist die alte Königin verloren gegangen, bevor der Vorschwarm abgeht. Dann schwärmt ihre Tochter als junge, noch unbegattete Königin. Singerschwärme sind meist besonders groß.

Schwarmkontrolle und -verhinderung

Einen Schwarm ausziehen zu lassen ist aus imkerlicher Sicht sicherlich nicht sinnvoll. Einerseits ist von dem Restvolk keinerlei Honigertrag mehr zu erwarten, andererseits ist es erheblich einfacher, die Völker über Ableger zu vermehren, als ständig auf Schwarmfang zu gehen, der ja auch nicht immer von Erfolg gekrönt ist. Jeder nicht gefangene Schwarm wird den nächsten Winter kaum überstehen, da es für die Bienenvölker ohne Varroa-Bekämpfung durch den Imker einfach nicht geht. Schon aus Tierschutzgründen sollte man daher Schwärme verhindern bzw. wirklich alle gefallenen Schwärme wieder einfangen.

Schwarmkontrolle

Angesagt ist die Schwarmkontrolle ab Mai wöchentlich. Der Abstand von sieben Tagen ergibt sich hier ganz praktisch. Wenn ein Bienenvolk eine Königin nachzieht, wird die Weiselzelle am Tag acht nach der Eiablage verdeckelt, bald danach geht normalerweise der Schwarm ab. Durch die Kontrolle im wöchentlichen Abstand ist man also immer rechtzeitig dran.

So funktioniert die Schwarmkontrolle

Zur Kontrolle werden normalerweise beim Zander-Magazin alle Rähmchen aus dem oberen Brutraum gezogen, auch beim Top-bar hive kontrolliere ich alle Brutwaben auf Weiselzellen. Gerade an den unteren Rändern der Waben oder an unebenen Stellen werden die langen, senkrecht hängenden Weiselzellen gern angelegt. Ein klassischer Platz ist auch beim Naturbau der Drohnenrahmen. Bei der Warré-Beute kippt man die obere Zarge an, um so einen guten Blick auf die unteren Wabenränder zu bekommen. Diese Kippkontrolle ist auch bei zweiräumigen Magazinen wie dem Zander-Magazin möglich. Die Kippkontrolle geht sehr viel schneller als das Ziehen aller Waben, leider habe ich dabei allerdings schon Weiselzellen übersehen, die weiter oben auf den Waben angelegt waren. Daher bin ich wieder davon abgekommen.

Den Schwarmtrieb schon im Vorfeld ausbremsen

Zum Schwärmen verleitet auch der Eindruck, dass die Honigräume gut gefüllt sind. Neben der Gabe eines zweiten Honigraums hilft es hier, rechtzeitig zu ernten.

Sind Weiselzellen vorhanden, kann man den Schwarmtrieb oft noch ausbremsen, indem diese Weiselzellen alle entfernt werden. Gleichzeitig sollte man dann dem Volk möglichst eine Zarge mehr Raum geben, also einen weiteren Honigraum aufsetzen. Das hält die Arbeiterinnen am Bauen, der Nektar der Flugbienen kann gut abgenommen und eingelagert werden. Ein Volk, in dem keine Biene arbeitslos ist, neigt weniger zum Schwärmen. Auch das regelmäßige Ausschneiden des Drohnenrahmens (siehe S. 95) hält die Bienen beschäftigt, da sie neu bauen können und immer wieder viele Drohnen füttern müssen, die erhebliche Mengen an Futtersaft vertilgen und damit in der Aufzucht arbeitsintensiver sind als Arbeiterinnen.

Eine weitere Maßnahme ist die Entnahme von Brut und Bienen, indem man Ableger bildet. Wenn dies ab Mai bis Juni ein- bis zweimal pro Monat geschieht, hält man die Völker immer in einer Aufwärtsentwicklung, die das Schwärmen am zuverlässigsten verhindert. Gleichzeitig werden mit der Brut viele Varroa-Milben entfernt, was der Gesundheit der Bienen nützt.

← Schwarmkontrolle – besonders in den Ecken und am unteren Rand befinden sich oft Weiselzellen.

Das Schwärmen mit einem Flugling verhindern

Um einen Schwarm sicher zu verhindern, muss man allerdings einen größeren Eingriff planen. Methoden werden in der Literatur unzählige beschrieben, bewährt hat sich bei mir – allerdings nur, wenn gutes Flugwetter herrscht – der sogenannte Flugling, dieses Verfahren möchte ich Ihnen daher hier vorstellen.

Flugling-Methode: viel Materialbedarf, aber auch ein neues Volk am Stand

Stellen Sie zunächst das gesamte Altvolk in Schwarmlaune auf einen neuen Standplatz, wenige Meter von der alten Stelle entfernt. Auf den alten Standort kommt eine neue Beute, bestückt mit Mittelwänden und einer Futterwabe sowie einer Wabe aus dem Altvolk, auf der bereits Weiselzellen gezogen wurden oder auf der junge Brut und Eier vorhanden sind. Hier entsteht der Flugling. Die Königin im Altvolk verliert auf diese Weise alle Flugbienen für ihren Schwarm und ist gezwungen, im Kasten zu bleiben. Alle Flugbienen fliegen an ihren gewohnten Standort und können so mit der Jungkönigin aus der Weiselzelle bzw. mit einer sogenannten Nachschaffungskönigin aus der vorhandenen Brut ein neues Volk gründen. Sie als Imker sind so die Sorge wegen des Schwarms los und haben gleichzeitig Ihr Volk vermehrt.

Alternativ können Sie auch den Flugling mit der Königin bilden. Dazu müssen Sie die Dame heraussuchen und in einen Zusetzkäfig sperren. Diesen hängen Sie dann zum Flugling in die neue Beute. Das hat den Vorteil, dass durch die Anwesenheit der Königin die Flugbienen noch fleißiger Honig eintragen. Es besteht aber auch das Risiko, dass doch noch – nur mit etwas Verspätung – der Schwarm abgeht.

Schwarmverhinderung durch Zwischenbodenableger

Wenn Sie Ihr Volk nicht vermehren wollen, gibt es eine weitere Variante der Schwarmverhinderung, den Zwischenbodenableger. Auch hier gehört es zum Prinzip, die Königin von ihrem flugfähigen Volk zu trennen, später werden aber beide Volksteile wiedervereinigt. Bei diesem Vorgehen sparen Sie sich außerdem ein zweites Magazin mit Boden und Deckel, wie Sie es beim Flugling brauchen.

Zwischenbodenableger: ein Tipp für alle Imker, die nicht noch mehr Völker haben möchten

Für den Zwischenbodenableger werden die Zargen getauscht. Der Honigraum kommt nach unten – er soll aber ohne Drohnen bleiben, also behält er sein Absperrgitter. Sonst haben Sie später Drohnen im Honigraum, die ihn wegen des Gitters nicht mehr verlassen können und sterben. Stellen Sie also den Honigraum über das Absperrgitter, das direkt auf dem Gitterboden liegt. Eine Honigwabe nehmen Sie heraus und geben an ihre Stelle eine Wabe mit offener, also jüngster Brut und Eiern, aus der sich die Flugbienen eine neue Königin ziehen können. Darauf setzen Sie einen Zwischenboden mit Flugloch. Aus den Bruträumen brechen Sie alle Weiselzellen und stapeln sie anschließend auf den Zwischenboden. Die Flugbienen werden weiterhin das untere Flugloch benutzen und sind so von ihrer Königin in den oberen Zargen getrennt. Dadurch wird der Abgang des Schwarms hoffentlich verhindert.

Nach etwa zehn Tagen ist die Schwarmlust hoffentlich vollständig abgeklungen und Sie können Ihr Volk wieder zusammensetzen. Nehmen Sie also wieder alle Zargen ab und brechen Sie die im Honigraum mittlerweile nachgezogenen Weiselzellen aus. Dann setzen Sie alles wieder in der ursprünglichen Reihenfolge aufeinander, also erst die Bruträume mit der Königin, dann das Absperrgitter, dann den Honigraum.

Schwärme verhindern bei Top-bar hive und Warré-Beute

Sollte es mit der neuen Königin nicht klappen, hängen Sie einfach beide Völkerteile wieder in ein Abteil. Die alte Königin ist ja noch da und arbeitet weiter.

Beide Verfahren lassen sich so auch beim Top-bar hive anwenden. Meist ist hier ein zweites Flugloch vorhanden. Alle Brutwaben mit der Königin kommen dann einfach auf die zweite Seite des Kastens mit getrenntem Flugloch und auf der alten Seite wird nur eine Wabe mit offener Brut platziert, dazu weitere leere Oberträger. Der Flugling kann so entweder ein neues Volk bilden oder wird nach zehn Tagen rückvereinigt.

Bei der Warré-Beute kann man einen Zargenableger machen, hierdurch wird das Bienenvolk quasi geteilt. Stellen Sie im Mai je eine leere neue Zarge, eine der Brutzargen und – wenn vorhanden – eine Honigzarge auf den ursprünglichen Boden bzw. auf einen zweiten Platz neben das Ausgangsvolk. Die Flugbienen teilen sich dann auf. In dem weisellosen Bienenstock wird eine neue Jungkönigin nachgezogen, die alte verliert etwa die Hälfte ihres fliegenden Personals. So endet die Schwarmstimmung und vorhandene Weiselzellen werden oft entfernt. Wenn der Schwarmtrieb sehr stark ist, kann es auch notwendig werden, eines der beiden Völker ein weiteres Mal zu teilen.

↓ Am Top-bar hive

Zucht nach Großvaters Art: der Bogenschnitt

Dieses alte Verfahren ist besonders für den Top-bar hive geeignet. Sie können es anwenden, um damit die alte Königin auszuwechseln und gleichzeitig das Abschwärmen Ihres Volks zu verhindern.

Bilden Sie zunächst im zweiten Abteil einen Zwischenableger mit der alten Königin, bestehend aus einer Brutwabe, einer Honigwabe und einem leeren Oberträger. Im Restvolk machen Sie einen Bogenschnitt. Dabei führen Sie mit einem scharfen Messer einen bogenförmigen Schnitt auf etwa einem Drittel der Höhe mitten durch eine Brutwabe. Eier und jüngste Larven müssen auf dieser Wabe vorhanden sein! Drei Tage später können Sie sich die gezogenen Weiselzellen ansehen, alle bereits verdeckelten oder verbauten bitte entfernen. Mindestens zwei sollten belassen werden. Am Tag 16 nach dem Bogenschnitt schlüpft die neue Königin, nach ihrem Hochzeitsflug wird sie etwa ab dem 30. Tag beginnen, neue Brut zu produzieren.

Ableger

Den Begriff Ableger kennt man von der Vermehrung von Pflanzen. Man macht einen Ableger von den alten Geranien, indem man einfach ein Stück abschneidet und neu eintopft. Ein Bienenvolk können Sie im Prinzip genauso einfach vermehren! Das Volk wird geteilt und der weisellose Teil zieht sich selbst eine neue Königin nach, ganz ohne weitere Hilfe des Imkers.

So funktioniert die Ablegerbildung

Achten Sie darauf, dass die alte Königin nicht dabei ist!

Ich starte mit der Ablegerbildung meist nach den Eisheiligen, also Mitte Mai. Dazu *entnehme ich zwei Brutwaben* aus einem Bienenvolk. Die Waben sollten zum großen Teil bereits verdeckelt sein, damit gleich junge Bienen für die Arbeit vorhanden sind, gleichzeitig aber jüngste, unverdeckelte Brut und auch Eier enthalten, damit eine neue Königin gezogen werden kann. Die beiden Waben werden jetzt in eine neue Beute gehängt, an deren Rand ich vorher eine Futterwabe gehängt habe. Die Futterwabe habe ich zuvor aus Völkern entnommen, die noch einen sehr reichlichen Vorrat an Winterfutter haben und gut eine Wabe entbehren können. Als Beute verwende ich gern die kleinen, gut transportablen Ablegerkästen mit fünf Waben.

Neben die Brutwaben hänge ich – falls vorhanden – eine schon ausgebaute, leere Wabe aus dem Vorjahr und Rähmchen mit Mittelwänden. Das Flugloch wird bis auf ein bis zwei Zentimeter mit Schaumstoff oder einem Fluglochkeil aus Holz verkleinert.

Ein eigener Ablegerstand

Die Ablegerkästen stellen Sie im Idealfall auf einem gesonderten Ablegerstand auf. Dieser sollte vom Muttervolk mindestens drei Kilometer entfernt sein, dann finden die Flugbienen nicht an den alten Standort zurück und bleiben dem neuen, kleinen Völkchen treu. Wenn Sie diese Möglichkeit nicht haben, bietet es sich an, noch einen Schwung Jungbienen aus dem Honigraum in den Ableger zu kehren. Die Bienen von ein bis zwei gut besetzten Honigwaben sollten genügen. Die jungen Bienen bleiben dem Ableger erhalten und gleichen so den Verlust der Flugbienen aus.

Bei der Warré-Beute entfällt diese Berechnung, hier entnehmen Sie immer eine komplette Zarge für die Ablegerbildung. Wie oben bei der Schwarmverhinderung bereits beschrieben, wird das Volk einfach geteilt.

Im Mai gebildete Ableger haben bis in den Herbst genügend Zeit, sich zu einem stabilen, großen Volk für den Winter zu entwickeln. Je später im Jahr sie gestartet werden, desto mehr Brutwaben und Bienen müssen am Anfang vorhanden sein, um eine schnelle Entwicklung zu gewährleisten. Ab Ende Mai sollten Sie *eher drei Waben* aus dem Zander-Magazin oder dem Top-bar hive verwenden, ab Mitte Juni dürfen es schon vier oder fünf sein.

Nach der Sommersonnenwende, also um den 20. Juni herum, bilde ich die letzten Ableger. Danach wird die Zeit bis zum Herbst zu knapp und die Völker sind bereits wieder in einer Abwärtsentwicklung. Die Schwarmzeit ist vorbei, die Ableger werden also auch nicht mehr gebraucht, um den Schwarmtrieb zu dämpfen.

Nachzucht vom Lieblingsvolk

Mit dieser Methode ist es ein bisschen Roulette, welche Königin sich die Ableger heranziehen und wie deren Eigenschaften und Qualitäten ausfallen. Um gezielter vorzugehen, können Sie den Ablegern gleich bei der Bildung frisch umgelarvte Weiselnäpfchen in den Futterkranz der Brutwaben drücken. Die Larven für diese Weiselnäpfchen entnehmen Sie entweder selbst Ihrem Lieblingsvolk oder bekommen Sie von einem befreundeten Imker, der sich näher mit der Zucht beschäftigt. Mit etwas Glück bekommt man manchmal sogar eine schon schlupfreife Weiselzelle geschenkt, dann geht die Entwicklung der Ableger sogar noch etwas schneller.

Varroa-Behandlung nach etwa drei Wochen

Nach 21 bis 28 Tagen sollten Ihre Ableger brutfrei sein. Das ist der ideale Zeitpunkt, um sie mit Milchsäure einzusprühen und so gegen die Varroa-Milbe zu behandeln. Mehr dazu auf Seite 95 beim Thema Varroa-Behandlung.

Bei ihrem Hochzeitsflug wird die junge Königin an einem Drohnensammelplatz in der Luft von bis zu 25 Drohnen begattet. Das Sperma wird ihr ganzes Leben lang für die Befruchtung der Eier reichen. Außer beim Schwärmen wird sie den Stock in den drei bis fünf Jahren ihres Lebens nie mehr verlassen.

Bald fängt die junge Königin an, erste Eier zu legen. Wenn Sie jüngste Brut bei der Kontrolle vorfinden, ist alles in bester Ordnung und Ihr Volk wird sich gut entwickeln. Jetzt ist es auch an der Zeit, die Ableger kontinuierlich zu füttern. Entweder Sie hängen nochmals Futterwaben zu oder verwenden Zuckersirup oder auch fertigen Futterteig. Die Vor- und Nachteile der verschiedenen Futterarten und die Technik beim Füttern erkläre ich näher auf Seite 86/87.

Profitipp: Minizucht im Honigraum

Wenn Sie selbst mal die Zucht ausprobieren möchten und für zwei bis drei Ableger schlupfreife Weiselzellen vorhalten möchten, probieren Sie doch die Zucht im Honigraum aus. Neun Tage vor dem Start hängen Sie eine Brutwabe oben in den Honigraum. Zwei Stunden vor dem Start ersetzen Sie das Absperrgitter durch eine Gaze oder ein Fliegengitter. Die Bienen im Honigraum verlieren so den Kontakt zur Königin und werden etwas unruhig ...

Jetzt hängen Sie die kleinen Weiselnäpfchen mit den jungen Larven hinein. Einfach ein Weiselnäpfchen mit der Büroklammer oben in den Futterkranz der Brutwabe stecken. Die Larven, den sogenannten Zuchtstoff, bekommt man meist kostenlos vom Züchter oder auf staatlichen Bienenprüfhöfen. Erstklassige Abstammungen also, die einen Versuch wert sind.

Nach ein bis zwei Tagen können Sie die Gaze entfernen und stattdessen wieder das Absperrgitter einlegen. Die Weiselzellen werden dann von den Bienen weiter gepflegt. An Tag 16, also kurz vor dem Schlupf der jungen Königinnen, erstellen Sie sich Ihre Ableger wie oben beschrieben und stecken je eine der Weiselzellen dort in die Brutwaben. Die jungen Regentinnen schlüpfen dann direkt in ihrem künftigen Volk.

→ Eine ganz junge Wabe

↓ Alte, dunkle Brutwabe

Bauerneuerung – frische Waben in Sachen Hygiene

Neben dem Einfüttern und der Behandlung gegen die Varroa-Milbe ist der Spätsommer ab August auch die richtige Zeit, um sich um die Erneuerung des Wabenwerks aller Bienenvölker zu kümmern. Alte Waben müssen mit der Zeit erneuert werden, da die Zellen durch das Bebrüten immer enger werden und sich mit der Zeit auch der Druck durch Krankheitserreger erhöht. Frische Waben dienen der Hygiene im Bienenstock.

Der richtige Zeitpunkt

Auch im Frühling ist manchmal die unterste Zarge komplett brutfrei, da sich die Bienen im Lauf des Winters regelrecht nach oben durchgefressen haben. Hier bietet sich die zweite Gelegenheit im Jahr, für Wabenhygiene zu sorgen und die alten Waben einzuschmelzen.

Im ersten Jahr nach dem Start im Frühling brauchen Sie nichts zu unternehmen. Nach der ersten Honigernte – also im zweiten Jahr – haben die Völker in den Magazinen die leeren Honigwaben zurückbekommen, ein Absperrgitter wird jetzt nicht mehr gebraucht. Die Bienen ziehen langsam mit ihrem Brutnest nach oben, direkt unter den Honigkranz, den sie ganz oben neu anlegen. Die unterste Zarge mit den alten, unansehnlich dunklen Waben kann ganz einfach entnommen werden. Von oben kommt ja der frische Ersatz dazu.

So gehen Sie bei der Warré-Beute vor

Bei der Warré-Beute gehen Sie ähnlich wie beim Magazin vor. Am Ende des Sommers haben die Völker meist noch drei Zargen, nur zwei davon werden für den Winter gebraucht. Die oberste wurde bereits als Honigzarge geerntet. Gegen Ende der Saison wird die unterste Zarge kaum mehr von den Bienen genutzt. Sobald sie brutfrei ist, können Sie die beiden verbleibenden Zargen für den Winter auf den Gitterboden stellen und die zu entnehmende Zarge gegebenenfalls bienenfrei bekommen, indem Sie die Zarge über einer Bienenflucht noch mal aufsetzen. Am nächsten Tag ist sie völlig leer und kann entnommen werden.

Spätestens alle drei Jahre – Bauerneuerung beim Top-bar hive

Bei der Top-bar hive werden ja zur Honigernte einige Waben komplett entnommen. Hier bauen die Bienen während der Einfütterung ganz neue Waben, in denen aber das Futter eingelagert wird. Die alten Brutwaben bleiben zunächst im Volk. Eine vollständige Wabenerneuerung spätestens alle drei Jahre ist daher sinnvoll.

Die Bienen bauen sich ihr Wabenwerk in beeindruckend kurzer Zeit von Grund auf neu. Zum Bauen braucht ein Volk aber viel Energie, helfen Sie daher mit Futter etwas nach. Etwa ein bis zwei Kilogramm Zuckersirup pro Woche sind hier ein gutes Maß. Um die Bautätigkeit anzuregen, eignet sich nur flüssiges Futter, am besten Zucker und Wasser 1:1 anrühren.

Im ersten Jahr bedarf es noch keiner Bauerneuerung, aber im zweiten oder dritten Jahr kommt Ihr Volk sicher auch mal in Schwarmstimmung. Nachdem der Schwarm ausgezogen ist, kommt es zu einer natürlichen Brutpause, bevor die junge Königin vom Begattungsflug zurückkehrt und selbst Eier legt. Das ist für Sie die ideale Gelegenheit. Schneiden Sie alle leeren, dunklen Waben einfach von den Oberträgern und geben Sie den Bienen nur die leeren Leisten zurück. Entnehmen Sie dafür Wabe für Wabe und kehren Sie die Bienen in einen großen Eimer oder eine Schwarmkiste. Damit verhindern Sie, einzelne Bienen mehrfach von den Waben kehren zu müssen. Das schont die Tiere und gibt weniger Ärger. Wenn alle Waben herausgeschnitten sind, kippen Sie alle Tiere wieder zurück in die Beute, genau wie beim Einschlagen eines Schwarms. Sie können die Tiere auch einlaufen lassen, wie bereits beim Thema Schwärme geschildert (siehe S. 75).

Wachsschmelzer und die weitere Wachsverarbeitung

Übers Jahr sammelt sich einiges an Wachs an, ob aus Resten von Mittelwänden, aus Wildbau, den man den Völkern entnimmt, oder bei der Aussonderung alter Waben.

Sonnen- und Dampfwachsschmelzer

Eine einfache Möglichkeit zum Schmelzen ganz ohne Strom ist der Sonnenwachsschmelzer. Dieser benötigt allerdings viel Platz und arbeitet in unseren Breitengraden nur in den Sommermonaten wirklich gut.

Eine zweite Möglichkeit ist ein Dampfwachsschmelzer, den man sich relativ leicht selbst bauen kann. Entweder Sie leiten den Dampfschlauch eines Tapetenablösers oder eines Dampfreinigers in eine alte Beute oder Holzkiste, in die Sie vorher die Waben eingestellt haben. Alternativ kann man hier auch robuste Kunststoffkisten oder alte Kunststofffässer verwenden. Durch ein Loch kann das flüssige Wachs direkt in einen Auffangbehälter abfließen. Rähmchen und dunkler Trester bleiben zurück. Abwandeln lässt sich das für kleine Mengen, indem ein Dampfentsafter als Schmelzgerät verwendet wird. Hier füllen Sie die Waben in den oberen Korb für das Obst, aus dem Hahn fließt das fertige Wachs.

Für große Mengen kann man die Altwaben auch an verarbeitende Betriebe geben, die schmelzen Rähmchen aus, reinigen die Rähmchen im Laugenbad und das fertige Wachs bekommt man gleich in Form von Wachsblöcken oder auf Wunsch nach einer professionellen Entseuchung, also der Verarbeitung bei großer Hitze und gleichzeitig unter Druck, als fertig gegossene Mittelwände zurück.

Kerzen selbst herstellen

Altes, nicht entseuchtes Wachs sollte nur noch für Kerzen verwendet werden und keinesfalls wieder als Mittelwand in Ihren Bienenkästen landen.

Um sauberes Wachs zu erhalten, das sich auch für die Produktion von Kerzen eignet, sollte man die fertigen Wachsblöcke zunächst unten grob abkratzen. Beim Erkalten haben sich unten schon viele Schmutzrückstände angesammelt. Den Wachsblock schmelzen Sie danach noch mal im Wasserbad ein und gießen alles durch ein feines Sieb, welches zusätzlich mit einer Feinstrumpfhose bespannt wurde. Jetzt ist Ihr Wachs sehr sauber und für die Fertigung von Kerzen geeignet. Ich gieße es gern in Teelichtformen, das ist schnell gemacht und ein gutes Geschenk für Weihnachten.

In den mittelalterlichen Klöstern wurden Bienen gehalten und behütet. Sie brachten kostbares Wachs für die Beleuchtung der Kirchen – und etwas Süße in das Leben der Mönche. Honig war das einzige Süßungsmittel, aber auch sehr teuer. Nur mit gutem Licht konnte in den Bibliotheken und Schreibstuben wertvolle geistige Arbeit geleistet werden. Und für fröhliche Feste schätzte man Honigwein, den Met.

Bienenwachs brennt lang und eignet sich daher besonders gut für Kerzen, die noch dazu einen guten Duft verströmen. Altes, gelagertes Wachs brennt übrigens oft noch besser und länger als frisches.

Ich empfehle, das Entdeckelungsgswachs aus dem Sommer und den sehr sauberen Wildbau vor der Verarbeitung im Gefrierschrank zu lagern. Da kann nichts gären und Sie haben feinstes Wachs in Lebensmittelqualität. Dieses frische Wachs kann man auch wieder für Mittelwände verwenden. Nach meiner Meinung ist es aber einfach zu aufwendig, diese selbst zu gießen. Ich kaufe sie daher fertig. Man kann das eigene Wachs auch in Mittelwandfabriken verarbeiten lassen, dies geht aber oft erst bei Mengen ab 20 Kilogramm, die man als kleiner Hobbyimker kaum erreichen wird.

Einfütterung – Vorrat für den Winter schaffen

Gestalten Sie die Honigernte so, dass jedem Volk noch mindestens vier bis fünf Kilogramm Honigvorrat bleiben. Dies ist gewährleistet, wenn nur aus den Honigräumen bei Zander und Warré etwas geerntet wird und wenn im Brutraum je eine Randwabe voll mit Honig ist. Auch beim Top-bar hive wird nur so viel Honig seitlich geerntet, dass mindestens zwei Randwaben mit Honig im Volk verbleiben. Bienen sollten nie hungern müssen. Das wäre für die Gesundheit der Völker und ihre Entwicklung fatal. Die Vorräte werden dringend gebraucht, um im Winter den Bienenstock heizen und zu Beginn des neuen Jahres die junge Brut füttern zu können. Der entnommene Honigvorrat muss daher vom Imker unbedingt ersetzt werden.

An kühlen Standorten wie in München, im Alpenvorland oder den Mittelgebirgen brauchen die Bienen über den Winter zum Heizen mehr Futter als in Weinbaugebieten oder anderen eher milden Gegenden.

Welches Futter und wie viel?

Seit Jahrzehnten ist Zuckersirup zum Bienenfüttern der Klassiker. Sie können ihn selbst anrühren, indem Sie eine Zuckerlösung 3:2 herstellen, d.h., auf drei Kilogramm Haushaltszucker kommen zwei Liter Wasser. Rühren Sie so lange, bis wirklich alle Zuckerkristalle gelöst sind. Es schadet nicht, dabei warmes Wasser aus der Leitung zu nehmen. Nur heißer sollte der Sirup nicht werden, sonst wird er für die Bienen durch Abbauprodukte des Zuckers ungesund. Das selbst gerührte Futter sollte den Bienen gleich verabreicht werden, da es nicht sehr lang haltbar ist und leicht gärt.

↓ Ich verwende als Schwimmhilfe gern getrocknete Kiefernzapfen und Ästchen.

Eine bequemere Art ist es, fertigen Futtersirup zu verwenden, der ist ideal für die Bienen, da er kaum noch verarbeitet werden muss und lang haltbar ist. Manche Imker verwenden auch gekauften Futterteig. Um den in die Waben umzulagern, brauchen die Bienen aber viel Arbeitsaufwand und Zeit. Da im Herbst auch noch die Varroa-Behandlung stattfindet, dauert mir das zu lang. Außerdem muss gutes Wetter herrschen, da die Bienen zum Verflüssigen Wasser von draußen holen müssen.

Ich gebe den großen Wirtschaftsvölkern im Zander-Magazin etwa 20 Liter Futtersirup, das entspricht 20 Kilogramm reinem Zucker. Die Ableger in einer Zarge oder im Top-bar hive bekommen etwa 15 Liter und die Völker in der Warré-Beute sollten mit 12 Litern gut versorgt sein. In ganz milden Gegenden sollten für große Völker etwa 15 Liter und für die kleinen rund zehn Liter genügen.

Sinnvoll ist es, mit dem Futter relativ großzügig zu sein. Notfütterungen im Winter sind Stress für Bienen und Imker. Nicht gebrauchte Futterwaben dagegen sind im Frühjahr ein wertvoller und wirklich praktischer Vorrat für die Fütterung der Ableger. Füttern Sie Ihre Bienen aber auch nicht bis zum Umfallen. Zu viel Futter nimmt der Königin den Platz zum Legen und es können nicht genügend Winterbienen erbrütet werden bzw. später im Jahr sitzen die Völker auf gefüllten Waben, die nur schwer warm zu halten sind. Aus diesem Grund ist es auch ratsam, die Völker in zwei oder drei kleineren Portionen zu füttern, dadurch wird das Brutnest nicht auf einen Schlag zu stark eingeschnürt.

Futtergeschirr und Schwimmhilfe

Als Futtergeschirr können Sie z. B. spezielle Futtereimer verwenden. Diese haben ein kleines Sieb im Deckel und werden über Kopf auf die Oberträger der Waben gestellt

Vorsicht! Gekaufter oder fremder Honig kann Sporen einer Bienenseuche, der Amerikanischen Faulbrut, enthalten. Füttern Sie daher niemals zugekauften Honig oder Honig von anderen Imkern.

Verkleckertes Futter am Bienenstand kann schlimme Kämpfe auslösen! Falls mal etwas Futter beim Einfüllen verkleckert wird, sofort mit viel Wasser nachspülen und die Reste so wegwaschen. Sinnvoll ist es auch, erst am Abend zu füttern. Die Aufregung beim Füttern legt sich dann über Nacht schnell wieder.

oder im Fall des Top-bar hive neben die Waben. Eine weitere, aber recht teure Alternative sind spezielle Futterzargen aus dem Imkerbedarf. Statt ihrer verwende ich im Allgemeinen günstige Stapelboxen aus dem Baumarkt. Sie passen gut in die Beuten und fassen relativ viel Sirup auf einmal.

Auf jedes offene Futter muss für die Bienen dringend eine Schwimmhilfe gelegt werden, sonst ersaufen die Tiere im Futter. Bewährt haben sich dafür Stroh oder auch Korken. Alle Schwimmhilfen müssen wirklich flächendeckend auf dem Futter verteilt werden. Ich ergänze das noch mit einigen ins Futter eingestellten Ästchen oder getrockneten Stängeln von Phacelia als Aufstiegshilfe, damit die Bienen leichter über den Rand des Futtergefäßes gelangen.

Grundsätzlich ist es natürlich eine einfache und gesunde Möglichkeit, die Bienen auf möglichst viel ihres eigenen Honigs überwintern zu lassen. Es gibt aber auch einige Honigsorten, die durch ihren hohen Ballaststoffanteil bei der Verdauung die Kotblase der Bienen im Winter zu stark beanspruchen und dann Durchfallerkrankungen auslösen können. Dies ist insbesondere bei Waldhonigen und Heidekrauttrachten der Fall, die daher dringend entnommen werden müssen. Ein normaler Blütenhonig sollte aber gut verträglich sein. Gerade beim Top-bar hive und der Warré-Beute ist das durchaus einen Versuch wert.

↓ Mäusegitter – passend zugeschnitten

Mäusegitter und Schutz vor Spechten

Wenn die Bienen bei Kälte in der Wintertraube sitzen, können sie sich kaum verteidigen. Manchmal dringen daher um diese Jahreszeit Feld- und Spitzmäuse ein. Sie fressen die Bienen oder knabbern die Vorratswaben an und können so die Völker massiv schädigen. Wenn im Oktober die Temperaturen langsam unter 10 °C sinken, bringe ich daher vor all meinen Beuten ein Mäusegitter an. Eine Maschenweite von sechs Millimetern hat sich hier bewährt. Es wird einfach mit Pin-Nadeln oder Reißnägeln vor den Fluglöchern befestigt. Die Pollensammlerinnen sind wenig begeistert, wenn sie sich schwer beladen durch die engen Maschen zwängen müssen, aber im Winter ist das Gitter ein guter Schutz für die Bienen.

An einigen Standorten werden auch Spechte zum Problem. Sie hacken die Beutenwände auf und holen sich reichlich Futter aus diesem großen Vorrat an Bienen und Brut. Dagegen hilft es, Vogelnetze über die Beute zu spannen. Solche gibt es im Gartenbedarf zum Schutz von Obstbäumen. Legen Sie die Netze direkt auf die Blechdächer der Beuten und befestigen Sie sie mit Zeltheringen am Boden.

Bienen-
krankheiten

Auch Bienen werden mal krank. Wirklich großen Einfluss hat der Imker auf die Kontrolle des Befalls mit der enorm schädlichen Varroa-Milbe. Man muss wissen, wie sich die Milben entwickeln, wie man den Befall einschätzen kann und welche Möglichkeiten der Bekämpfung man jeweils hat. Bei vielen anderen Krankheiten können wir als Imker im akuten Fall nur wenig machen. Sehr wichtig und entscheidend ist die Prävention bei der Aufstellung und der Pflege der Bienenvölker.

→ In der Bio-Imkerei sind die herkömmlichen Medikamente gegen die Varroa-Milbe tabu.
↓ Gemüll auf einer Varroa-Schublade

Hauptbelastung Varroa-Milbe

Leider sind seit mehr als 30 Jahren alle Bienenvölker mit einem Parasiten befallen, der Milbe *Varroa destructor*. Diese Milbe wurde aus Asien eingeschleppt, wo sie in eigentlich stabiler Koexistenz mit der dortigen Asiatischen Honigbiene, der *Apis cerana*, lebt. Die Asiatische Honigbiene hat sich der Milbe angepasst, die Völker sind trotz des Milbenbefalls nicht bedroht. Anders ist es bei unseren europäischen Honigbienen: Ohne Behandlung gegen den Milbenbefall sterben die Völker innerhalb weniger Jahre.

Seit einigen Jahren gibt es zwar Fortschritte in der Bienenzucht, hier werden besonders Bienen vermehrt, die ein gutes Varroa-sensitives Hygieneverhalten zeigen. Es gibt aber noch keine Zuchtlinie, die stabil über Jahre ohne eine Behandlung zurechtkäme.

Massive Schädigung durch die Milbe

Die Milben saugen an den jungen Bienenlarven und schädigen sie so massiv. Die jungen Bienen entwickeln Missbildungen oder sterben vor dem Schlupf. Auch an den erwachsenen Bienen sitzen die Milben. Diese werden durch die Wunde und das Saugen der Milben geschwächt und dadurch auch anfälliger für Viren und Bakterien.

Wie schlecht es dem Volk geht, hängt davon ab, mit wie vielen Milben es konfrontiert ist. Im Frühling sind die Völker relativ gering befallen, da sich auch die Varroa während der Brutpause der Bienen im Winter nicht vermehren kann. Während des Frühlings und Sommers wächst die Zahl der Milben, es sind aber auch viele Bienen im Stock. Die Belastung pro Tier ist also nicht so hoch. Kritisch wird es im Herbst und Winter, wenn die Völker deutlich schrumpfen. Die Zahl der Milben bleibt nämlich gleich und die Belastung steigt dadurch enorm an.

Die Bekämpfung

Die Milben werden leider immer wieder von Volk zu Volk verschleppt, sei es durch Räuberei an einem Volk, das sich nicht verteidigen kann, oder durch einfaches Verfliegen einzelner Bienen. Jeder, der heute also Bienen hält, betreibt gleichzeitig die Milbenhaltung. Unsere Aufgabe ist es jetzt, die Zahl der Milben immer wieder auf ein für die Bienen verträgliches Maß zu reduzieren.

In den Anfangsjahren wurden vor allem verschiedene synthetische Medikamente verwendet, gegen die sich allerdings bald Resistenzen bildeten. Die meisten Imker sind daher in den letzten Jahren dazu übergegangen, ausschließlich organische Säuren zur Milbenbekämpfung zu verwenden.

In der Bio-Imkerei ist dies sogar Pflicht, herkömmliche Medikamente sind nicht zugelassen. Verwendet werden Milchsäure, Ameisensäure und Oxalsäure sowie ätherische Öle. Jede dieser Säuren wirkt anders und wird zu einem anderen Zeitpunkt bei den verschiedenen Behandlungsschritten übers Jahr eingesetzt. Bisher gibt es zum Glück keine Resistenzen gegen diese Mittel.

Gemülldiagnose – wie zählt man Milben?

Aber auch die Anwendung von organischen Säuren stellt eine Belastung für die Bienen dar. Gleichzeitig muss die Zahl der Milben unter Kontrolle gehalten werden. Das Ziel der Imker ist es daher, die Bienenvölker rechtzeitig zu behandeln, aber die Bienen auch nicht durch unnötige Behandlungen zu schädigen.

Befallsdiagnose vor der Behandlung

In einem integrierten Behandlungskonzept wird man also immer die sogenannten Schadschwellen beachten und vor jeder Behandlung eine Befallsdiagnose machen. Auch im Anschluss an jede Behandlung ist das noch mal sinnvoll. Nur so lässt sich abschätzen, ob eine Behandlung auch ausreichend gewirkt hat oder nochmals wiederholt werden muss, gegebenenfalls auch mit einem anderen Verfahren.

Kontrolle mittels Bodeneinlage

Bei mir hat sich die Befallskontrolle mittels einer Bodeneinlage bewährt. Dazu schiebe ich die Bodeneinlage für je drei Tage unter das Bienenvolk und kann dann die herabgefallenen Milben zwischen dem übrigen Gemüll auf der Fläche zählen. Leider werden immer wieder Milben durch Ameisen und andere Tierchen weggetragen. Dies lässt sich verhindern, indem man eine geölte Einlage verwendet, auf der die Milben kleben bleiben. Hierzu tränken Sie zu Hause eine Rolle Küchenpapier mit etwa einem Liter einfachen Pflanzenöls. Ich übergieße die Rolle dazu in einem Gefrierbeutel mit dem Öl. Dieser ist dann gut verschließbar und kann so problemlos zum Bienenstand transportiert werden. Auf jede Bodeneinlage kommt eine Lage des Ölpapiers.

Mit dickem, wasserfestem Stift gezeichnete Gitternetzlinien auf der Varroa-Schublade helfen durch den leichteren Überblick sehr beim Zählen der Milben.

Sofern im Juli nach dem Schleudern mehr als fünf bis zehn Milben herunterfallen, sollten Sie eine Behandlung planen. Nur so können Sie sicherstellen, dass gesunde junge Bienen für den Winter aufwachsen können. Im Oktober und November werden die Milben noch einmal gezählt. Jetzt müssen es deutlich weniger sein als im Sommer, da ja inzwischen auch die Völker viel kleiner geworden sind. Wenn im Schnitt mehr als eine halbe Milbe pro Tag fällt, muss auch eine Winterbehandlung stattfinden.

Bienenprobe mit der Puderzuckermethode

Eine Befallskontrolle kann man auch mittels Bienenproben machen. Bei einer der Methoden werden die Bienen getötet und die Milben dann aus der Bienenprobe ausgewaschen und gezählt. Bei der zweiten Methode werden die Bienen in einem Siebdeckel-Gefäß mit Puderzucker bestäubt und dann ordentlich geschüttelt. Dabei fallen die Milben ab und können dann gezählt werden. Der große Vorteil letzterer Methode ist es, dass die Bienen dabei am Leben bleiben. Bei der Bienenprobe kann man die Bienen immer wiegen und dann den exakten Befallsgrad in Prozent errechnen, worauf ich bei der Bodeneinlage verzichten muss. Die Methode ist aber kompliziert und mir persönlich reicht ein ungefährer Anhaltspunkt aus.

→ Befallskontrolle mittels Bodeneinlage

Behandlungskonzept – die Strategie gegen die Milbe

Der Varroa-Milbe ist nur durch die Kombination verschiedener Maßnahmen Einhalt zu gebieten: Ableger und Schwärme mit Milchsäure besprühen, Entnahme von Drohnenbrut im Frühjahr sowie die Anwendung von Ameisensäure im Sommer und Oxalsäure im Winter.

Vor dem Schleudern kann man nicht mit Säuren oder Medikamenten behandeln, dann wäre der Honig nicht mehr zu gebrauchen. Im Frühjahr bleibt daher nur der Versuch, dem Volk immer wieder Brut zu entnehmen und es dadurch von Milben zu entlasten. Denn in der Brut halten sich die Milben vorrangig auf.

Ablegerbildung und Milchsäurebehandlung

Ab Mai bilde ich Ableger, für die ich jedem Volk Brutwaben entnehme. Die Ableger selbst sind nach etwa vier Wochen brutfrei, haben eine junge Königin und werden dann mit Milchsäure behandelt, da von ihnen keine Honigernte mehr zu erwarten ist. Gleichzeitig wirkt die Milchsäure nur, wenn keine Brut vorhanden ist. Bei vorhandener Brut sitzen die Milben vor allem auf den Larven in den Brutzellen und sind somit vor dem Sprühnebel der Milchsäure geschützt, die Behandlung wäre sinnlos.

Achtung, Milchsäure ist reizend und kann zu Augen- und auch Hautschäden führen. Tragen Sie daher unbedingt eine Schutzbrille und auch Handschuhe sowie gegebenenfalls einen Mundschutz.

Mit Milchsäure besprühen kann man auch Schwärme, die erst einige Tage in ihrer neuen Beute sitzen, oder Völker, die im Spätherbst und Winter brutfrei sind. Entnehmen Sie dazu die Waben einzeln und besprühen Sie sie mit etwa acht Milliliter der 15-prozentigen Milchsäure pro Seite.

Entnahme von Drohnenbrut

Um die Völker von Milben zu entlasten, können Sie außerdem gezielt Drohnenbrut entnehmen. Diese ist nämlich noch viel stärker von den Milben befallen als die Arbeiterinnenbrut. Grund dafür ist die längere Entwicklungszeit der Drohnen, in der sich die Milben besser vermehren können.

Um Drohnenbrut entnehmen zu können, hängen Sie ab Ende April einen leeren Rahmen an die zweite oder neunte Stelle der Zargen. Der Rahmen wird von den Bienen selbstständig ausgebaut und mit Drohnenbrut gefüllt. Nach genau drei Wochen sind die Drohnenlarven zum größten Teil verdeckelt. Jetzt schneiden Sie den Rahmen aus und hängen ihn leer zurück ins Bienenvolk. Die entnommene Brut wird im Gefrierschrank abgetötet und dann entsorgt.

Ziel ist es, pro Volk mindestens drei Baurahmen nacheinander zu entnehmen. Das reduziert die Milbenbelastung erheblich – in günstigen Fällen um mehr als die Hälfte. Gleichzeitig haben die Bienen dadurch immer sehr viel Arbeit, sie müssen neu bauen und wieder Drohnen ausbrüten. Das dämpft obendrein die Schwarmlust.

Sommerbehandlung

Nach dem Schleudern kann mit Ameisensäure behandelt werden. Sie bietet den Vorteil, dass auch Milben in der Brut erfasst werden. Gleichzeitig ist diese Säure ein natürliches Mittel, das in geringen Mengen in jedem Bienenvolk vorkommt. Rückstände bei der Honigernte im nächsten Jahr sind nicht zu befürchten.

← Blick ins Bienenvolk. Milben direkt auf den Bienen bekommt man kaum zu sehen. Das bedeutet keine Entwarnung!

Im Top-bar hive ist die alte Bauform des Nassenheider® Verdunsters verwendbar, die in ein selbst gebasteltes Rähmchen an einer Top-bar-Leiste am Rande des Brutnests eingesetzt werden kann.

↓ Die Schwammtuch-Methode

Gehen Sie bei der Behandlung mit Ameisensäure wie folgt vor:

Schritt 1: Kontrollieren Sie vor der Anwendung, ob Ihre Bienen noch mindestens fünf Kilogramm Honigvorrat für die Behandlungszeit haben, denn während der Säurebehandlung wird kaum Nektar eingetragen. Ist nicht genug Futter vorhanden, verabreichen Sie erst mal fünf Kilogramm Zuckerlösung. Dann kann die Behandlung starten.

Schritt 2: Verwendet wird 60-prozentige Ameisensäure, die leider stark ätzend ist. Tragen Sie daher bei jedem Kontakt mit der Säure unbedingt eine Schutzbrille und auch säurefeste Handschuhe. Säurespritzer müssen sofort mit viel Wasser abgewaschen werden! Die Ameisensäure wird über bis zu 14 Tage im Bienenstock verdunstet. Bewährt haben sich dafür der Nassenheider® Verdunster Professional und der Liebig-Dispenser. Die Tagestemperaturen während der Anwendung sollten zwischen 15 und 30 °C liegen, nur dann wirkt die Säure optimal.

Schritt 3: Befüllen Sie die Verdunster zu Hause nach der jeweils beiliegenden Gebrauchsanleitung. Am Bienenstand angekommen, werden die Verdunster dann nur oben auf die Rähmchen gestellt und eine weitere Zarge mit Deckel aufgesetzt.

Schritt 4: Schließen Sie unbedingt den Gitterboden mit der Bodeneinlage. Gleichzeitig sollte das Flugloch in voller Breite geöffnet sein, damit die Bienen die Säuredämpfe auch gut aus dem Stock fächeln können.

Schritt 5: Kontrollieren Sie bitte am nächsten Tag kurz, ob auch die gewünschte Menge an Säure pro Tag verdunstet wird und mit Ihren Bienen alles in Ordnung ist. Normalerweise sind die Tiere ruhig, meiden aber die direkte Nähe des Verdunsters.

Nach dem Ablauf der Behandlungszeit haben Sie auch durch die Bodeneinlage eine Kontrolle, wie viele tote Milben gefallen sind. Damit können Sie abschätzen, wie erfolgreich die Behandlung war oder ob Sie gegebenenfalls nochmals behandeln müssen.

Schwammtuchmethode

Eine Methode, die für alle Beutenformen verwendet werden kann, ist die Schwammtuchmethode. Hierfür wird ein feuchtes Schwammtuch auf die Bodeneinlage gelegt und mit vier Milliliter Ameisensäure pro Wabe beträufelt. Die Säure sollte am besten im Gefrierschrank gekühlt sein, um eine zu schlagartige Verdunstung zu verhindern, die die Bienen schädigen kann. Ziehen Sie die benötigte Menge auf eine große Spritze auf und beträufeln Sie damit das Schwammtuch.

Diese Methode muss drei- bis viermal im Abstand von je vier bis sieben Tagen wiederholt werden und ist damit aufwendiger als die Behandlung mit Verdunstern. Diese Schockbehandlung, bei der die Säurekonzentration in der Stockluft sehr schnell steigt, kann allerdings unter Umständen die Königin schädigen. Ein Vorteil ist aber, dass sie auch bei kühleren Außentemperaturen von rund 12 °C wirkt.

Nach der ersten Ameisensäurebehandlung kann für den Winter komplett eingefüttert werden. Direkt danach muss meist noch mal eine Behandlung angeschlossen werden, um die Milbenbelastung weiter zu minimieren. Spätestens um den 15. September herum sollten dann alle Behandlungen und die Einfütterung beendet sein, sodass die Völker in die Winterruhe gehen können.

Winterbehandlung

Ende November ist es noch mal Zeit für eine Gemülldiagnose. Fällt mehr als eine Milbe pro Tag, ist dringend eine Winterbehandlung notwendig.

Im Winter, wenn die Völker brutfrei sind, ist eine Träufelbehandlung mit Oxalsäure sehr wirksam. Alternativ wäre hierzu wieder das Besprühen mit Milchsäure, was mir aber bei Kälte zu aufwendig ist.

Um den richtigen Zeitpunkt bestimmen zu können, notieren Sie sich unbedingt die ersten Tage und Nächte mit Frost.

Die meisten Völker sind *etwa drei Wochen nach den ersten Frostnächten* brutfrei. Ich plane die Behandlung mit Oxalsäure spätestens für den Zeitraum zwischen dem 6. Dezember und Weihnachten. In dieser Zeit sind die Völker meist brutfrei. Keine Scheu vor kalten Tagen! Dann sitzen die Bienen eng in der Wintertraube und die Oxalsäure kann gut wirken, da sie zwischen den Bienen besser verteilt wird.

Für die Oxalsäurebehandlung sind die Mittel Oxuvar® bzw. eine Oxalsäuredihydratlösung 3,5 % zugelassen. Beide sind apothekenpflichtig.

Schritt 1: Mischen Sie die Lösung nach der Packungsbeilage an; in die Oxalsäurelösung wird noch die beigegebene Menge Zucker eingerührt. Die Lösung können Sie im Wasserbad auf 35 °C anwärmen, um die Bienen nicht durch Kälte zu schocken.

Schritt 2: Am Bienenstand ziehen Sie pro Wabengasse fünf Milliliter in eine Einwegspritze auf. Bei sehr kleinen Völkern entspricht das 30 Millilitern, bei einer Zarge nimmt man 40 Milliliter, für große Völker in zwei Zargen werden 50 Milliliter verwendet.

Schritt 3: Verwenden Sie wie üblich Rauch, bevor Sie Ihre Völker öffnen. Auch bei der Anwendung von Oxalsäure Schutzbrille und Handschuhe nicht vergessen, denn die Säure ist sehr giftig.

Schritt 4: Beträufeln Sie mit der Lösung die Bienen in den Wabengassen. Die Bienen verteilen dann durch ihre natürliche Bewegung die Säure im ganzen Volk und damit hoffentlich auch auf allen Milben.

Die Behandlung geht schnell und ist nach wenigen Minuten erledigt. Der Milbenfall hält aber bis zu vier Wochen an! Nach dem 31. Dezember bis zur nächsten Honigernte darf keine Behandlung mehr erfolgen, um Rückstände im Honig auszuschließen.

Oxalsäure

Die Oxalsäure wirkt als Kontaktgift, daher ist die gleichmäßige Verteilung auf alle befallenen Bienen so wichtig. Am besten gelingt dies, wenn die Bienen in der Wintertraube richtig eng beieinandersitzen. Die Behandlung mit Oxalsäure darf nur einmal stattfinden, eine zweite Behandlung wirkt negativ bis sogar tödlich auf die Bienen!

Alternative Behandlung: totale Brutentnahme

Da bei der Methode eine zweite Königin gezogen wird, ist es so möglich, die Völker noch im Sommer zu vermehren oder für junge Königinnen zu sorgen.

Eine Alternative zur Sommerbehandlung mit Ameisensäure ist die totale Brutentnahme (TBE). Bei dieser Methode brauchen Sie nichts weiter als einen zweiten Bienenkasten und einigermaßen gutes Flugwetter für Ihre Bienen. Durch die Brutunterbrechung in beiden Teilen haben Sie die Möglichkeit, mit Milchsäure zu behandeln. Gleichzeitig findet eine Bauerneuerung statt.

Schritt 1: Teilen Sie nach der Honigernte Ihr Volk in zwei Teile – ähnlich wie bei der Schwarmverhinderung per Flugling beschrieben (siehe S. 78). Suchen Sie zunächst die Königin und setzen Sie sie in einen Käfig mit Futterteig. Die Königin wird damit in den Fluglingskasten gehängt, der sonst nur leere, neue Rähmchen mit Mittelwänden, nach Möglichkeit eine leere, ausgebaute Wabe sowie ein bis zwei Futterwaben enthält. Er steht auf dem alten Flugloch, dadurch fliegen ihm in den nächsten Stunden alle Sammlerinnen zu.

Schritt 2: Die komplette Brut kommt nun in den zweiten Kasten auf einen benachbarten Standort.

Schritt 3: Zwei Tage später können Sie den Flugling mit der Königin mit Milchsäure besprühen oder alternativ auch mit Oxalsäure beträufeln.

Schritt 4: Der Brutling ist nach weiteren 19 Tagen vollständig brutfrei und kann dann ebenfalls behandelt werden. In der Zwischenzeit hat er sich eine neue Königin gezogen, die aber noch nicht legt. Entnehmen Sie jetzt auch dem Brutling möglichst viele der alten, dunklen Brutwaben.

Schritt 5: Sie können nun entweder beide Völker behalten oder das Ganze wiedervereinigen, d. h. Sie setzen einfach beide Völkerteile wieder aufeinander.

Die Winterbehandlung erfolgt dann wieder wie auf S. 97 beschrieben.

Behandlung mit Thymol, MAQS® oder HopGuard®

Eine weitere Behandlungsmöglichkeit nach dem Schleudern ist der Einsatz des in den Medikamenten Apiguard® oder Thymovar® enthaltenen Wirkstoffs Thymol oder der Einsatz von Ameisensäure in Gelform im Präparat MAQS®.

Thymol ist ein Wirkstoff, der anders als Ameisensäure nicht in die Brut wirkt. Die Behandlung ist daher weniger schnell wirksam und dauert mindestens fünf bis sechs Wochen. In dieser Zeit wird auch kaum Futter abgenommen. Thymol ist in Schwammtuchplatten oder in kleinen Schalen enthalten und wird einfach auf die Oberträger der Rähmchen gelegt. Für den Imker ist die Behandlung also relativ einfach und schnell. Der Zeitverlust beim Füttern und der relativ hohe Preis sprechen für mich persönlich aber gegen dieses Mittel.

Die MAQS®-Streifen sind erst seit wenigen Jahren zugelassen. Auch sie beruhen auf der Verwendung von Ameisensäure. Hier ist es sicherlich ratsam, die abschließende Bewertung durch die Bieneninstitute abzuwarten.

Ein weiteres ganz neues Medikament ist HopGuard®, mit Wirkstoffen aus dem Hopfen. Das Mittel soll für die Bienen sehr verträglich sein und beruht auch auf rein natürlichen Stoffen. Allerdings liegen noch sehr wenige Erfahrungen vor und die offizielle Zulassung als Medikament steht noch aus.

Weitere Bienenkrankheiten

Bienen können von einer Vielzahl von Krankheiten betroffen sein. Meist sind die Erreger in fast jedem Volk vorhanden. Aber das Immunsystem dieses Superorganismus ist auch sehr schlagkräftig. Bei dem warmen, feuchten Klima im Stock sollte man eine enorme Ausbreitung von Erregern erwarten, das ist aber nur sehr selten der Fall. Allein durch ihren antibiotisch wirkenden Speichel und den fast flächendeckenden Einsatz des ebenfalls antibiotisch wirkenden Propolis sind die Bienen gut gerüstet.

Die meisten Krankheiten sind nur für geschwächte Völker ein Problem.

Sorgfältige Vorbeugung

Aufgabe des Imkers ist es, dem Ausbruch von Krankheiten möglichst vorzubeugen.

→ Achten Sie bei allen Völkern auf die Wabenhygiene. In alten Waben sammeln sich auch Krankheitserreger.

→ Sorgen Sie für einen sonnigen, warmen Standort Ihrer Bienen. Auch ein gutes Kleinklima ist der Gesundheit förderlich.

→ Füttern Sie rechtzeitig und ausreichend. Hunger schwächt die Völker enorm.

→ Bleiben Sie am Ball bei der konsequenten Bekämpfung der Varroa-Milbe, mit der kommen die Bienen kaum alleine zurecht und der Milbenbefall ist ein Einfallstor für weitere Krankheitserreger.

Nosema

Eine Durchfallerkrankung der Bienen ist die Nosema, die meist im Frühjahr auftritt. Sie wird daher auch Frühjahrsschwindsucht genannt. Die Entwicklung der Völker ist schlecht und verzögert. Gefördert wird diese Krankheit vor allem durch stark schwankende Witterungsbedingungen. Bei starken Völkern ist die Selbstheilung meist kein Problem. Zur Vorbeugung öffnen Sie Ihre Völker unbedingt erst nach dem Reinigungsflug im Frühjahr und bei Temperaturen über 12 °C. Durch die Störung koten die Tiere sonst im Stock ab, was den Ausbruch von Darmerkrankungen begünstigt.

Kalkbrut

Eine Pilzerkrankung der Brut ist die sogenannte Kalkbrut. Die toten Larven sind von einem weißen Pilz überzogen. Befallene Völker räumen die tote Brut, also weiße Kalkbrutmumien, aus dem Stock aus. Auch die Kalkbrut gilt als Faktorenkrankheit, die vor allem bei kalten, feuchten Witterungsbedingungen auftritt.

Vorbeugen können Sie hier vor allem durch die Wahl eines sonnigen, luftigen Standorts. Bei befallenen Völkern hilft es manchmal, diese auf eine Zarge einzuengen, um die Regulation des Stockklimas und die Wärmehaltung zu erleichtern. Durch Füttern können Sie versuchen, den Putztrieb anzuregen und die befallenen Larven so schneller aus dem Stock zu bekommen.

Falls das alles nichts nützt, sollten Sie die Königin ersetzen, denn scheinbar ist die Krankheit in Teilen auch genetisch bedingt. Von mit Kalkbrut befallenen Völkern sollten keinesfalls Ableger oder Königinnen nachgezogen werden.

Amerikanische Faulbrut

Wirklich bedrohlich und anzeigepflichtig nach dem Bienenseuchengesetz ist die Bösartige oder Amerikanische Faulbrut, kurz AFB. Ein befallener Bienenstand muss saniert werden. Um den Bienenstand wird ein seuchenrechtlich verbindlicher Sperrbezirk gezogen, aus dem weder Bienenvölker noch Ausrüstung entfernt werden dürfen.

Faulbrut erkennt man an einzelnen Brutzellen, die löchrig und eingesunken sind. Die Larven bilden eine schleimige Masse, die Fäden zieht, wenn man mit einem Streichholz o.Ä. hineinsticht. Der Geruch ist unangenehm säuerlich.

Faulbrutsporen werden durch Wachs und Bienen, durch Brut aber auch durch Honig übertragen. Das ist der Grund, warum man niemals fremden Honig verfüttern darf. Gerade billige Honige aus Übersee sind oft mit Faulbrutsporen belastet.

Es gibt sogar Gesundheitsmobile mit einer kompletten Desinfektionsausrüstung, die man leihen kann.

Falls Sie den Verdacht auf Amerikanische Faulbrut hegen, holen Sie sich unbedingt Hilfe und informieren Sie Ihre zuständige Veterinärbehörde. In den Imkerverbänden stehen Gesundheitswarte bereit, die Ihnen mit Rat und Tat zur Seite stehen. Man wird in einem solchen Fall nicht allein gelassen!

Desinfektion und Recycling von Imkermaterial

Nach ein bis zwei Jahren werden Sie merken, dass Beuten und Rähmchen eine ganze Menge Patina ansetzen. Spätestens bei der ersten Bauerneuerung fallen neben dunklen Waben auch gebrauchte Rähmchen an.

Wenn Sie die Rähmchen noch warm dem Wachsschmelzer entnehmen, lassen sie sich relativ leicht säubern. Einfach ein paarmal auf Zeitungspapier ausklopfen, dann noch mal mit dem Stockmeißel die hartnäckigeren Rückstände abklopfen, das reicht.

Um alles wirklich sauber und gleichzeitig desinfiziert zu bekommen, bietet sich die Behandlung mit einer Lauge aus Ätznatron (Natriumhydroxid, NaOH) an. Aber Vorsicht auch hier, die benötigte Konzentration von nur drei Prozent wirkt schon ätzend und hochgiftig. Um möglichst wenig mit der ätzenden Lauge in Berührung zu kommen, kann man z. B. eine alte Spülmaschine einsetzen, in die man die Rähmchen legt. Alternativ können Sie die Rähmchen auch einfach über Nacht in die Lauge geben und am nächsten Tag sehr gründlich abspülen. Bei allen Arbeiten mit der ätzenden Lauge auf keinen Fall die Ausrüstung aus Schutzbrille, langen, säurefesten Handschuhen und einer schützenden Schürze vergessen. Ein milderes Mittel wäre die Verwendung von Soda (Natriumcarbonat Na_2CO_3) für diesen Zweck.

Falls Sie Beuten und Rähmchen von kranken Völkern wiederverwenden möchten, müssen die unbedingt mit Natronlauge desinfiziert werden. Dazu raten würde ich Ihnen ganz dringend auch bei gebrauchtem Material von anderen Imkern.

Für gebrauchte Beuten gibt es noch die alternative Möglichkeit des Abflammens, das völlig ohne den Einsatz giftiger Substanzen auskommt. Bearbeiten Sie das Holz von innen mit einem Heißluftföhn oder mit offener Gasflamme so lange, bis es sich hellbraun färbt. Danach ist alles wieder einsatzbereit.

Logar

Honig ist flüssiger Sonnenschein.
– frei nach G. B. Shaw

Honigernte und Verarbeitung

Den reifen Honig zu ernten und anschließend zu Hause zu schleudern und zu verarbeiten ist mir die liebste Arbeit im Imkerjahr. Nie schmeckt der Honig so gut wie direkt aus der Schleuder! Die Bienen stellen den Honig perfekt her und lagern ihn in optimaler Verpackung. Ab jetzt sind wir Imker dran und können die Qualität beeinflussen. Ich zeige Ihnen, wie es geht und mit welchen Werkzeugen und Tricks man arbeiten kann.

→ Vorsichtiges Abkehren mit dem Bienenbesen

↓ Frischer Wabenhonig mit Espresso

Wabenhonig als Spezialität

Frisch ist auch Honig am besten! Viele Menschen wissen das und lieben daher den Wabenhonig ganz besonders. Wenn die Bienen ihre Waben im Naturbau errichtet haben, ist das Wachs so zart und frisch, dass man es unbesorgt mitessen kann. Zu erzeugen ist dieser Wabenhonig eigentlich ganz einfach. In konventionelle Magazine hänge ich ein ungedrahtetes Rähmchen zu den anderen Waben im Honigraum. Bei diesem dauert der Ausbau meist etwas länger, dafür enthält er eben dieses ganz besondere Produkt. Und beim Top-bar hive oder der Warré-Beute gibt es diesen besonderen Honig sozusagen als Standard. Hier gibt es eben ausschließlich Naturwaben.

Naturwaben entnimmt man als Ganzes und schneidet die Wabe gegebenenfalls aus dem Rähmchen. Dann unbedingt luftdicht, kühl und trocken lagern! Probieren Sie ein Würfelchen dieser Leckerei mal zu einem aromatischen Espresso. Oder auch eine kleine Scheibe auf einer Kugel Vanilleeis …

Honigernte und Honigreife

Wenn wir die Bienen und ihre natürliche Umgebung auch als Teil unserer Lebensgemeinschaft sehen und diese gut pflegen, werden wir von ihnen reich beschenkt.

Ein Bienenvolk produziert im Durchschnitt 300 Kilogramm Honig im Jahr, das meiste davon wird sofort wieder selbst verbraucht. Die Imker ernten im Durchschnitt pro Volk etwa 25 Kilogramm pro Jahr. Den entnommenen Honig ersetzen sie durch das Füttern einer Zuckerlösung.

Der richtige Erntezeitpunkt

Wie die meisten Hobbyimker ernte ich zweimal im Jahr, einen Frühjahrshonig zwischen Ende Mai und Anfang Juni und spätestens Ende Juli den Sommerhonig. Bei der ersten Ernte warte ich meist, bis auf dem Land der Raps abgeblüht ist und die Robinien in der Stadt blühen. Im Sommer schleudere ich nach dem Ende der Lindenblüte.

Um wirklich ernten zu können, muss der Honig reif sein. Damit ist gemeint, dass der Wassergehalt unter 20 Prozent, noch besser unter 18 Prozent liegen muss. Der von den Bienen gesammelte Nektar enthält mehr als 80 Prozent Wasser, erst nach der Verarbeitung durch die Bienen – sie setzen z. B. Enzyme zu – und einer gründlichen Trocknung wird daraus Honig. Zu nasser Honig ist nicht haltbar. Am Bienenstand sollten Sie prüfen, ob die Waben zu mindestens drei Vierteln verdeckelt sind. Außerdem ist eine Spritzprobe sinnvoll; mit der Öffnung nach unten wird die Wabe kräftig geschüttelt. Spritzt dabei noch Nektar heraus, ist die Sache zu feucht und muss noch einige Tage von den Bienen getrocknet werden. Ideale Termine für die Ernte sind nach ein paar Tagen Regen, an denen die Bienen genug Zeit hatten, den Honig zu trocknen. Oder in einer Trachtpause, wenn mal wenig blüht und auch dadurch der Honig gut verarbeitet werden konnte.

So wird geerntet

Sind nur wenige Waben zu ernten, entnimmt man die Waben einzeln und fegt die daraufsitzenden Bienen mit dem Imkerbesen direkt vor das Flugloch oder zunächst in einen Eimer. Sind alle Waben bienenfrei, kippt man alle Bienen wieder in den Kasten.

Verwenden Sie beim Ernten so wenig Rauch wie möglich, der offene Honig nimmt leicht den Geruch des Rauchs an!

Falls ich viele Waben zu ernten habe, oder auch bei der Warré-Beute, arbeite ich sehr gern mit einer Bienenflucht. Diese funktioniert ähnlich wie eine Reuse. Die Bienen können den Honigraum verlassen, kommen aber nicht mehr zurück. Aber Achtung, diese Flucht funktioniert nur, wenn man ein Absperrgitter verwendet und damit wirklich keine Brut im Honigraum ist, denn die Bienen verlassen ihre Vorräte, aber niemals die Brut. Legen Sie die Bienenflucht am frühen Morgen zwischen den Brutraum und die Honigzarge ein, dann ist der Nektar des Vortags hoffentlich schon gut verarbeitet. Am zweiten Tag können Sie die Waben dann fast bienenfrei ernten. Die wenigen Tierchen, die noch im Honigraum sind, werden schnell mit dem Besen abgekehrt. Danach kommen die Waben in bienendichte Kunststoffboxen und werden noch möglichst warm zum Schleudern gefahren.

Ernteausrüstung – Schleuder und Co.

Wenn Sie Bienen nur in einem Top-bar hive oder einer Warré-Beute angesiedelt haben, ist die Honigernte in kleinem Maßstab ganz einfach.

Abtropfen

Die Waben werden in kleine Stücke geschnitten, dann lässt man diese Honigmasse über einem großen Sieb abtropfen. So ein Sieb kann man sich gut selbst bauen – aus einem Honigeimer und einem Seihtuch für Honig, welches es für wenige Euro im Imkerbedarf gibt. Bohren Sie einige große Löcher in einen Honigeimer. In den Eimer hängen Sie das Seihtuch, dann werden die zerkleinerten Waben eingefüllt. Darunter kommt ein großes Auffanggefäß.

In wenigen Stunden ist alles abgetropft und Sie haben hoffentlich einige Kilogramm Ihrer ersten Ernte.

Presshonig

Eine Alternative zum Abtropfen ist die Herstellung von Presshonig. Hierzu wird das Honig-Wachs-Gemisch in eine Kartoffel- oder Obstpresse gegeben. Der gepresste Honig enthält relativ viel Pollen und ist dadurch sehr aromatisch. Leider ist er manchmal durch den Eiweiß- und Wassergehalt des Pollens auch weniger lang haltbar.

Honig schleudern

Wenn Waben geschleudert werden sollen, wird der Aufwand für eigene Gerätschaften größer. Sie brauchen wenigstens eine Schleuder und ein Entdeckelungsgeschirr. Oft kann man diese Geräte beim Imkerverein ausleihen. Manche Vereine haben auch einen kompletten Schleuderraum, den man günstig mieten kann. Gerade für die ersten Jahre und den kleinen Maßstab der heutigen Hobbyimker finde ich das sehr sinnvoll.

Falls Sie sich die Sachen selbst anschaffen wollen, rate ich zu einer robusten *Vier-Waben-Schleuder mit Handantrieb.* Unbedingt dazu gehört auch ein Doppelsieb, durch das der Honig direkt nach dem Schleudern durchläuft, um ihn von Verunreinigungen wie Wachsstückchen etc. zu befreien. Zum Lagern eignen sich dicht schließende Honigeimer aus lebensmittelechtem Kunststoff. Toll sind auch Lagerkübel aus Edelstahl, die sind mit einem Spannverschluss absolut luftdicht und helfen so, die Qualität des Honigs bestmöglich zu erhalten. Leider ist diese Variante aber sehr teuer.

Damit ist man unabhängig von einem Stromanschluss und kann sicher den Honig von zehn Völkern verarbeiten.

Sie brauchen außerdem eine Entdeckelungsgabel, mit der die feine Schicht der Verdeckelung auf den Honigwaben abgehoben werden kann. Dazu werden die Waben schräg auf dem Entdeckelungsgeschirr abgestellt, das Deckelwachs kann dort auch direkt aufgefangen werden. Der davon abtropfende Honig läuft durch ein Lochblech in die darunterliegende Auffangwanne und kann später auch weiterverarbeitet werden.

Profitipp

Als schnellere Alternative zur Entdeckelungsgabel können Sie einen Heißluftföhn verwenden, was allerdings auch nur bei unbebrüteten Waben funktioniert, also wenn ein Absperrgitter verwendet wurde. Mit dem Föhn werden die Wachsdeckel auf den Zellen schnell abgeschmolzen, die Waben können anschließend geschleudert werden.

So funktioniert das Schleudern

Die entdeckelten Waben werden in den Korb der Schleuder eingestellt und dann erst mal vorsichtig angeschleudert. Dann werden die Waben auf die andere Seite gedreht, diese wird komplett ausgeschleudert. Dann noch mal zurück auf die erste Seite und ganz leer schleudern. Hier arbeitet man in Etappen, um den Bruch der Waben zu verhindern. Gerade Naturwaben gehen schnell zu Bruch, wenn man jede Seite gleich komplett leert. Aber das haben Sie schnell im Gefühl!

Direkt aus der Schleuder läuft der Honig durch ein Doppelsieb, um feine Wachsteilchen etc. zurückzuhalten, und dann in die untergestellten Eimer. Auf jeden vollen Eimer kommt gleich ein Deckel, um den Honig vor Staub zu schützen.

→ Blick in die Schleuder mit Honigwabe
↓ Fließender Honig

Abschäumen von Honig

Den schon gesiebten Honig in den Eimern lässt man zunächst einen Tag stehen. Während dieser Zeit setzt sich oben der Schaum vom Schleudern ab. Legen Sie jetzt ein Stück Frischhaltefolie auf die Oberfläche des Honigs. Die Folie wird in einem Schwung abgezogen. Der Schaum ist damit fast vollständig entfernt. In Gläsern wäre dieser Schaum nicht so ansehnlich, daher wird er entfernt. Es spricht aber nichts dagegen, diesen Honigschaum in der eigenen Küche zu verwenden.

Hygiene und Schleuderraum

Zum Schleudern und Verarbeiten des Honigs brauchen Sie einen hygienischen und bienendichten Raum.

Honig wird als unverarbeitetes, rohes Lebensmittel verzehrt und muss daher besonders sorgsam verarbeitet werden.

In der eigenen Küche schleudern

Oft ist das die eigene Küche, aber auch diese lässt sich meist so herrichten, dass sie den Anforderungen genügt. Wichtig sind abwaschbare Oberflächen und ein Wasseranschluss. Hilfreich ist es beim Schleudern auch, wenn der Raum warm ist, dann fließt der Honig leichter. Gleichzeitig sollte die Luft möglichst trocken sein, das verhindert, dass die Waben noch Feuchtigkeit ziehen.

Hygiene ist das A und O

Entfernen Sie bitte alle Zimmerpflanzen und Dekorationen und stauben Sie den gesamten Raum gründlich ab. Offene Regale müssen abgehängt werden. Wurde vorher mit rohem Fleisch, Geflügel oder Fisch gearbeitet, sollten die Oberflächen auch unbedingt desinfiziert werden. Entfernen sollten Sie auch alle stark riechenden Stoffe, wie z. B. Putzmittel oder Waschpulver, da offener Honig sehr schnell fremde Gerüche annimmt. Es geht bei all diesen Erfordernissen darum, jeden negativen Einfluss auf den Honig, seine Qualität und Haltbarkeit zu vermeiden.

↓ Flüssiger Honig

Abfüllen

Kleinere Mengen kann man noch gut per Hand mit einer Schöpfkelle abfüllen. Größere Portionen kommen in einen Abfülleimer mit Quetschhahn. Direkt darunter kann man auch die Waage platzieren, um so immer die richtige Füllmenge in den Gläsern zu haben. Nützlich ist es, den cremigen Honig vor dem Abfüllen leicht anzuwärmen, das beschleunigt den Vorgang enorm.

Gefrosteter Honig

Kleine Mengen Honig kann man auch nach dem Schleudern direkt in Gläser füllen und einfrieren. Der Frost verlangsamt die Kristallisation sehr stark, der Honig bleibt lang flüssig. Wenn er mit der Zeit doch kristallisiert, entstehen sehr kleine Kristalle, der Honig wird von selbst cremig und braucht nicht weiter gerührt zu werden. Im Frost bleibt auch das Aroma prima erhalten!

Lagerung und Rühren von cremigem Honig

Die beste Lagerumgebung für Honig ist kühl und dunkel, im Idealfall unter 15 °C. Die meisten Imker nutzen dafür ihren Keller.

Haltbarkeit

Generell gilt die Annahme, dass Honig bis zu zwei Jahre nach dem Abfülldatum haltbar ist.

In einem dichten Eimer ist der Honig so sicher zwei Jahre haltbar. Ein geschmacklicher Verlust bei der Lagerung lässt sich leider nicht ausschließen. Gerade Blütenhonig verliert mit der Zeit einen Teil seines zarten Aromas. Der würzigere Waldhonig behält seinen ganzen Geschmack tendenziell länger. Ich achte aus Qualitätsgründen generell darauf, dass der Honig bei meinen Kunden ist, bevor ich im nächsten Jahr schleudere. Kurz nachdem der letzte Honig ausverkauft ist, gibt es gleich wieder die ganz frischen Produkte für alle.

Verflüssigen von fest gewordenem Honig

Honig, der nach dem Schleudern nicht weiter bearbeitet wird, wird mit der Zeit fest, der enthaltene Zucker kristallisiert. Wenn Sie cremigen Honig haben möchten, der nicht vom Brötchen läuft, gibt es zwei Methoden:

Rühren: Man kann den Honig erst im Eimer fest werden lassen. Das kann von einigen Tagen beim Rapshonig bis zu mehreren Monaten beim Sommerhonig dauern, je nach Zusammensetzung der Zuckerarten. Danach wird der ganze Eimer im Wasserbad auf maximal 35 °C erwärmt. Dafür können Sie einen Einkochautomaten nutzen, in zwei bis drei Stunden ist der Honig darin warm und kann gerührt werden.

Aber Vorsicht, der Honig darf nicht so lange erwärmt werden, bis er wieder flüssig ist. Er muss nur weich genug sein, um gerührt zu werden. Dazu spannt man einen speziellen Rührstab in eine starke Bohrmaschine ein. Beim Rühren – das dauert zwei bis drei Minuten pro Eimer – werden die groben Kristalle des Honigs zerkleinert, der Honig wird cremig.

Schönen cremigen Honig unbedingt fürs nächste Jahr aufheben – zum Impfen der neuen Ernte.

Impfen: Die zweite Methode ist das Impfen des Honigs. Nehmen Sie dazu für jeden Zwölf-Kilo-Eimer frisch geschleuderten Honigs je 500 Gramm eines cremigen Honigs aus dem Vorjahr, den Sie gründlich einrühren. Die Kristallisation kommt dadurch gleich in Gang. In den nächsten Tagen rühren Sie den Honig im Eimer einmal täglich mit einem großen Handrührer durch. Dieses Verfahren ergibt einen gleichmäßig cremigen Honig, der dann direkt in Gläser abgefüllt werden kann. Alternativ bleibt auch dieser cremige Honig zunächst im Eimer, zum Abfüllen wird er im Einkochautomaten bei etwa 30 °C erwärmt, um ihn fließfähig zu bekommen.

Verkauf von eigenem Honig

Honig vernetzt auch Menschen. Durch diese regionalen Verbindungen und Geschäfte im engsten Umkreis bilden wir ein Netzwerk, das die Stadt lebenswert macht. Ein fröhlicher kleiner Gegenpol zur Globalisierung.

Mindestens die Hälfte meines Honigs verschenke ich an Freunde und Familie, schließlich haben Generationen von Sommerbienen dafür gearbeitet und er ist sicher nicht nur für mich allein gedacht. Gern verwende ich ihn als Tauschwährung. Auch in der Großstadt gibt es viele Menschen, die wunderbare Lebensmittel selbst erzeugen und im Tausch meinen Honig genießen.

Vorsicht, Gefahrenquelle!

Ihren eigenen Honig dürfen Sie auch verkaufen, die Imkerei gilt als Urproduktion und muss daher z. B. nicht als Gewerbe angemeldet werden. Allerdings ist man auch als Imker für seine Produkt verantwortlich und haftet für eventuelle Schäden. Eine Gefahrenquelle können z. B. Glassplitter im Honig sein. Daher die Gläser vor dem Abfüllen unbedingt aufmerksam kontrollieren!

Stets aktuelle Informationen dazu im Internet gibt es z. B. von der LWG Bayern, informieren Sie sich am besten unter www.lwg.bayern.de/bienen/recht_wirtschaft/097698/index.php.

Die richtige Etikettierung

Wenn Sie Ihren Honig verkaufen möchten, ist es wichtig, dass die Gläser beim Abfüllen gewogen werden. Die Gewichtsangaben auf den Gläsern müssen stimmen. Und da die Honiggläser eine Fertigverpackung sind, braucht man auch ein nach den *gesetzlichen Regelungen korrektes Etikett*. Enthalten sein muss im Sichtfeld des Kunden unbedingt die Produktbezeichnung, also „Honig", auch die Anschrift des Herstellers, die Menge in Gramm und ein Mindesthaltbarkeitsdatum sind Pflicht. Auch das Ursprungsland muss angegeben werden. Beim Preis reicht es, wenn der am Regal oder Verkaufstisch für den Käufer erkennbar ist. Absolut verboten ist jede gesundheitsbezogene Werbung – also z. B. „Honig hilft gegen Husten".

Durch die Verwendung einer Losnummer ist es möglich, im Fall einer Beanstandung nur die betreffende Charge vom Markt zu nehmen. Ich verwende als Unterscheidung den Standort der Bienenvölker und den Abfülltermin. Den schreibe ich auf jeden Honigeimer und entsprechend auf die abgefüllten Gläser. Also z. B. München Pasing, 15.06.2016 oder München Solln 20.07.2016.

Steuern für Imker

Um das Thema Steuern muss man sich als Hobbyimker erst mal keine Sorgen machen. Die wenigsten Imker werden aus ihrem Hobby Gewinne erzielen, die für das Finanzamt von Interesse sind. Unter 30 Völkern kann man meist davon ausgehen, dass das nicht der Fall ist. Das sehen auch die Finanzämter so.

Die Einnahmen aus dem Honigverkauf einer kleinen Imkerei bleiben also steuerfrei, gleichzeitig können Sie aber die Kosten Ihrer Imkerei nicht von der Steuer absetzen. Wenn Sie das tun wollen, müssen Sie innerhalb von drei Jahren Gewinne aus der Imkerei erzielen, sonst wird die Sache vom Finanzamt als Liebhaberei gewertet und nicht steuermindernd berücksichtigt.

BIENENGARTEN
Honig aus eigener Imkerei

HONIG MIT ZIMT
HONIGESSIG

Der Bienenstaat gleicht einem Zauberbrunnen;
je mehr man daraus schöpft, desto reicher fließt er.
– Karl von Frisch

Leckeres und Heilsames aus dem Bienenvolk

Bienen produzieren nicht nur Honig, sondern wir können Produkte wie Wachs, Pollen oder Propolis in ganz vielfältigen Rezepten genießen oder ihre Heilkraft nutzen. Sogar das Bie nengift kann in der Medizin nützlich sein, es wirkt gut gegen Entzündungen. Die enorme Bandbreite der Bienenprodukte macht für mich den Reiz des Imkerns aus. Ich probiere gern etwas Neues aus und mit Bienenprodukten wird es nie langweilig.

→ **Honig, mit Zimt verfeinert**

↓ **Für pikante Gerichte mit Chili**

Honigspezialitäten – Honig verfeinern

Den ganz frischen, flüssigen Honig können Sie direkt nach dem Schleudern zu Honigspezialitäten verfeinern. Das sieht wunderbar aus und geht fix.

Ein Stückchen Vanilleschote oder Zimtstange kommt in ein schönes Schmuckglas und wird mit dem flüssigen Honig übergossen. Das gibt dem Honig noch ein zusätzliches, feines Aroma und ist gerade für begeisterte Teetrinker ein schönes Geschenk.

Es geht aber auch in die ganz pikante Richtung! Rühren Sie eine Messerspitze Chiliflocken in cremigen Honig ein. Verwenden kann man diese scharf-süße Verführung gut für Chili con carne, zu scharfen Rindfleischgerichten oder um Hähnchenspieße zu marinieren.

Der Trend zum Lagenhonig

Im Supermarkt finden Sie Rapshonig, Sonnenblumenhonig, Akazienhonig und Waldhonig. Diese Sortenhonige sind oft Mischungen von verschiedenen Honigerzeugern, oft genug von Honigen aus mehreren Ländern. Das steht auch so auf den Etiketten: eine Mischung von Honigen aus EU-Ländern und Nicht-EU-Ländern.

Sortenhonig vs. individueller Lagenhonig

Auch viele Imker bei uns bieten Sortenhonige an, sie müssen dafür meist mit ihren Völkern wandern, um reine Rapshonige, Robinienhonige oder andere Sorten ernten zu können. Dies hat sicher Vorteile, die Kunden wissen genau, was sie erwartet, die Honige sind reproduzierbar. Aber leider entgeht den Kunden dadurch auch viel an Individualität und Genuss. Wie beim Wein ist auch beim Honig die Lage entscheidend. Der Standort der Völker entscheidet über den verfügbaren Nektar und die Mischung der Blütenaromen und prägt damit den Geschmack. Der Trend geht daher auch beim Honig zum Regionalen, zum individuellen Lagenhonig.

Regionale Vielfalt

Der Frühlingsblütenhonig von meinem Standort am Stadtrand enthält eben nicht nur Raps, sondern auch Weißdorn und Schlehe, Löwenzahn und Robinie und wohl noch Dutzende anderer Blütennektare. Die Bienen schaffen damit ein Abbild ihres umgebenden Lebensraums. Kein Wunder, dass gerade Honig so gern regional gekauft wird und von den Menschen mit Heimat assoziiert wird. Durch die Biene und den Honig sind wir verbunden mit unserer unmittelbaren Umgebung.

Immer anders – und besonders

Probieren Sie sich mal durch bei den Kollegen, den kleinen Honigmanufakturen. Wie bei den Weingütern sind die kleinen oft unverwechselbar und haben geschmackliche Überraschungen zu bieten.

Und nicht jedes Jahr ist der Honig gleich, die Mischung ist immer wieder anders. Gerade im Frühling 2016, der im Süden Deutschlands sehr verregnet war, haben wir zum klassischen Blütennektar auch ein wenig Honigtau von den Bäumen dazubekommen. Der Honig ist dunkler als sonst im Frühling, balsamisch und sehr fein. Ein „normaler" Frühlingshonig ist das nicht, aber ein ganz besonders guter, der so nicht jedes Jahr zu haben ist. Einmalig und geprägt durch seine Umgebung und das Wetter.

Bei der Standortsuche hat man es auch als Imker schon in der Hand, die gute Mischung in der Umgebung zu finden. Probieren Sie es aus, jede Ortschaft, jeder Stadtteil schmeckt anders, jedes Jahr neu! Honig ist eine absolut regionale Spezialität, den es so nur einmal gibt.

Aromen und Genuss

Honig kann fast so viele Aromen entwickeln wie Wein. Wein kann nach Pfirsichen riechen oder nach Pflaume, nach Leder oder mineralisch nach Schieferboden.

Honig ist der kleine Bruder des Weins

Die Weintraube hat von Natur aus Aromen, die nach anderen Früchten schmecken als nach Wein. Die Trauben gaukeln ihrer Umgebung etwas vor, das sie nicht sind, und haben so Vorteile in der Evolution. Ihre Kerne werden auch von Pfirsichliebhabern gefressen und verbreitet. Dazu kommen noch die Aromen, die sich im Zug der Vergärung zu Wein entwickeln und solche, die vom Boden beeinflusst werden, in dem die Reben stehen. Und dann hat der Winzer noch einmal eine Einflussmöglichkeit bei der Wahl der Lagerung, ob im Tank oder Holzfass und für welche Dauer.

Im Honig ist auch immer ein kleiner Teil von Pollen enthalten, auch hier hat jede Pflanzensorte ihr ganz eigenes Aroma.

Honig ist wohl das einzige Lebensmittel, das da mithalten kann. Auch Honig kann nach Kirschen schmecken, nach Baumharz oder Karamell. Die Bienen haben eine riesige Auswahl an Nektarsorten und Honigtau, also den Grundstoffen für die Produktion von Honig. Der Nektar wird von den Bienen von etwa 80 Prozent Wassergehalt heruntergetrocknet auf etwa 16 bis 20 Prozent im reifen Honig. Der Honig reift dann im Bienenstock in den Wachszellen. Der Imker hat es somit in der Hand, ob in alten und dunklen Waben, ob er künstliche Wachsplatten verwendet oder zarte Naturwaben, die von den Bienen selbst frisch gebaut werden und ein zartes Aroma ergeben.

Frischer Wabenhonig – Genuss pur

Ein ganz besonderer und exklusiver Genuss ist der Wabenhonig, bei dem man das zarte Naturwachs unbesorgt mitessen kann. Frischer und aromatischer kann Honig nicht sein! Denn schon der Kontakt mit Sauerstoff beim Schleudern ändert das Aroma, ähnlich wie beim Dekantieren von Wein. Guter Honig bleibt roh und unbearbeitet. Er wird nach dem Schleudern weder gefiltert noch wird er künstlich getrocknet.

Gut zu wissen

Wenn Sie mal eine Honigprobe machen, dann fangen Sie mit dem hellsten und mildesten an, erst am Schluss kommen die kräftigen Waldhonige oder Kastanienhonig. Neutralisiert wird zwischendurch mit Wasser und Weißbrot.

Wie beim Wein ist danach die Lagerung für die Qualität entscheidend. Möglichst luftdicht und dunkel, bei Temperaturen unter 15 °C. Und in der Küche: Honiggläser unbedingt gut verschließen! Der Honig verliert sonst seine feinen Aromen so schnell wie gemahlener Kaffee. Dennoch ändert sich Honig mit der Zeit, ein zarter Frühlingshonig mit den flüchtigen Blütenaromen viel schneller als ein aromatischer, balsamischer Waldhonig mit seinen kräftigen Harztönen.

Vielfältiger Einsatz in der Küche

Kombinieren Sie Honig in der Küche ruhig nicht nur mit Früchten und Eis, sondern auch mal mit Käse oder Rindfleisch. Ein dunkler Waldhonig süßt wunderbar einen Glühwein, er passt aber auch zu Schwarzbrot und gesalzener Butter. Ein heller Frühlingshonig verträgt sich mit Ziegen- und Blauschimmelkäse. Die Honigspezialitäten aus der Lüneburger Heide passen zum Schinken. Und ein Honig von Almwiesen ist wunderbar zu einem jungen Bergkäse. Ein Honig aus dem Süden, der viel Nektar von Thymian oder Rosmarin enthält, ergänzt alle Gerichte, die mit diesen Gewürzen zubereitet werden. Sei es Geflügel, Fisch oder Grillgemüse. Genießen Sie die Vielfalt dieses Aromenfeuerwerks!

Edles aus Honig – Honigbrände und Honigessige

Honig lässt sich weiter veredeln. Klassisch ist der Honigwein, aber es lässt sich noch viel mehr machen.

Innovative Imker sind manchmal auch Brenner. Haben Sie schon mal einen Honigbrand probiert? Sicher eines der „geistreichsten" Dinge, das man aus Honig machen kann. Hier liegt es in der Hand des Brennmeisters, welche Honige als Grundlage für diese Spezialitäten verwendet werden und wie der Brennvorgang läuft.

Eine weitere Innovation sind Honigessige. Kein Essig mit Honig, sondern ein Essig, der wirklich aus Honig – mit dem Zwischenschritt des Honigweins – gewonnen wird. Durch sorgfältigen Ausbau des Weins, die natürliche Gärung zu Essig und die Lagerung in Edelstahl, Glas oder sogar im neuen Eichenfass entstehen Highlights für Gourmets. Kleine saure Juwelen zum Würzen und zum Genuss. Meine Empfehlung als Aperitif!

↑ **Honigbrand und Honigessig**
→ **Pikantes mit Honig**

Honigsenf mit Apfel und Rosmarin

Sicher kennen Sie das klassische Honig-Senf-Dressing für Salate. Diese feine Kombination gibt es aber auch pur – als schnell gerührten Honigsenf. Er passt hervorragend zu herzhaftem Rot- oder Blauschimmelkäse oder auch zu kräftigem Ziegenkäse. Eine fruchtige Note bekommt der Senf durch den Apfel, abwandeln kann man ihn gut mit Birnen oder Feigen.

Für 1 Glas à ca. 300 g

Zutaten:

1 Apfel
100 ml Weißweinessig
2 EL Weißwein, Cidre oder Apfelsaft
3 EL Honig
½ TL Salz
Nadeln von 1 Zweig frischem Rosmarin
100 g gelbe Senfkörner
1 Prise Zimt

Zubereitung

Schritt 1: Waschen Sie den Apfel, entfernen Sie das Kerngehäuse und schneiden Sie ihn in kleine Würfelchen.

Schritt 2: Erhitzen Sie Weißweinessig, Weißwein und Honig sowie die Hälfte der Apfelwürfel, das Salz und die Rosmarinnadeln in einem Topf. Wenn das Ganze heiß ist, rühren Sie die Senfkörner ein.

Schritt 3: Alles etwas abkühlen lassen. Anschließend bis zur gewünschten Konsistenz pürieren.

Schritt 4: Jetzt geben Sie den Rest der Apfelwürfel und den Zimt hinzu.

Nicht erschrecken, wenn die Masse zunächst sehr scharf schmeckt, das sind die Senföle, die wieder milder werden. Am besten lässt man das Ganze stehen und schmeckt es am nächsten Tag noch einmal ab. In kleinen Gläsern und gut verschlossen, hält der Senf sein Aroma zwei bis drei Monate.

Eine leckere Variante: Ersetzen Sie bis zu 30 Milliliter der Flüssigkeit durch Whiskey oder Calvados; diese alkoholischen Zutaten aber nicht mit erhitzen, sondern erst nach dem Abkühlen einrühren.

Tipp:

Aus dem frischen, selbst gemachten Senf lässt sich schnell eine Honig-Senf-Sauce rühren: 200 g Sauerrahm, 2 Esslöffel Honigsenf und 2 Esslöffel Honig verrühren. Nach Belieben kann man die Sauce mit frischen Kräutern wie Dill oder Koriander oder einem Spritzer Zitronensaft abschmecken.

→ Mit Gewürzen verfeinerte Nüsse

↓ In Honig eingelegte Walnüsse

Backwachs in der Weihnachtsbäckerei

Traditionell werden vor allem Lebkuchen mit Honig gesüßt. Aber wussten Sie, dass in früheren Zeiten beim Lebzelter – dem Hersteller von Lebkuchen – die Lagerteige schon Wochen vor dem Backen hergestellt wurden, um dann lang im Keller durch Milchsäuregärung zu reifen? Aber nicht nur der Honig wurde in diesem alten Handwerk eingesetzt, sondern auch das Wachs.

Verwenden Sie als Backwachs das besonders reine Entdeckelungswachs. Es wird im Wasserbad eingeschmolzen und in kleine Formen gegossen, gut eignen sich dazu Silikonförmchen. Mit dem Wachsblock werden die heißen Bleche für Lebkuchen und Plätzchen eingerieben. Das Wachs duftet nicht nur wunderbar, es verhindert auch zuverlässig jedes Anbacken. Und gerade feine Lebkuchen bleiben durch die dünne Wachsschicht länger frisch.

Pikante Gewürznüsse

In meiner Heimat, der Gegend um Würzburg, gibt es ausgedehnte Streuobstwiesen. Das sind ganz vielfältige Lebensräume, die auch den Bienen gut tun. Dort gibt es auch noch die majestätischen Walnussbäume mit ihren wertvollen und so leckeren Früchten. Diese pikanten Gewürznüsse passen u. a. gut zu Wein.

Für ca. 300 g Nüsse

Zutaten:

2 EL Sojasauce
2 EL Dijonsenf
1 EL Honig
1 TL gemahlener Ingwer
½ TL gerebelter Rosmarin
½ TL getrockneter Knoblauch
250 g Walnusskerne
30 g Sesam

Zubereitung

Schritt 1: Heizen Sie den Backofen auf 120 °C Ober-/Unterhitze vor. Mischen Sie in einer großen Schüssel alle flüssigen Zutaten und Gewürze.

Schritt 2: Die Walnusskerne dazugeben und gut mit der Würzmischung vermengen.

Schritt 3: Zum Schluss streuen Sie den Sesam darüber und rühren noch mal gut um. Jetzt kommt das Ganze auf ein mit Backpapier ausgelegtes Backblech und wird im Backofen 30 Minuten auf mittlerer Schiene goldbraun gebacken.

Tipp:

Ein Traum sind Walnüsse in Honig eingelegt. Dazu einfach ein Glas Walnusskerne mit flüssigem Honig auffüllen. Die Nüsse sind sofort genussfertig.

Honig-Sahne-Bonbons

Ein großes Vergnügen: Man spielt Bonbonfabrik und das Ergebnis ist durch seine Frische jedem Fertigprodukt absolut überlegen!

Für ca. 250 g Bonbons

Zutaten:

200 g Zucker
2 EL Honig
50 ml Sahne
1 EL Butter
1–2 Päckchen Vanillezucker
Puderzucker zum Bestreuen

Zubereitung

Schritt 1: Geben Sie Zucker und 70 ml Wasser in einen großen Topf. Bei mittlerer Hitze so lange kochen, bis die Masse Blasen wirft und zähflüssig wird.

Schritt 2: Honig, Sahne, Butter und Vanillezucker sehr vorsichtig und langsam einrühren. Achtung, Verletzungsgefahr: Die sehr heiße Masse kann spritzen! Ist die Masse hellbraun, gibt man einige Tropfen davon in ein Gefäß mit kaltem Wasser. Wird die Masse bei diesem Bruchtest fest, ist die Bonbonmasse fertig.

Schritt 3: Alles auf ein mit Backpapier ausgelegtes Blech gießen. Vor dem vollständigen Erkalten kann man die Bonbonmasse in kleine Stücke schneiden oder brechen. Um das Verkleben zu verhindern, die Bonbons mit Puderzucker bestreuen.

Bärenfang

Für 1 Flasche à 1,5 l

Zutaten:
500 g Honig
1 l Wodka
Schale von 1 Bio-Zitrone
½ Vanilleschote, nach Belieben
1 kleine Zimtstange
Piment oder Gewürznelke

Bärenfang wurde angeblich von russischen Bärenjägern erfunden. Ob damit die Bären angelockt wurden oder sich die Jäger Mut angetrunken haben, ist heute nicht mehr klar. Wie auch immer, er ist gehaltvoll und lecker.

Zubereitung

Alle Zutaten gründlich vermischen und mindestens zwei Wochen ziehen lassen. Danach können Sie die Gewürze entfernen und den Bärenfang in Flaschen abfüllen.

Honiggrappa

Für 1 Flasche à ca. 1 l

Zutaten:
½ l Grappa
150 g Frühlingsblütenhonig
400 ml naturtrüber Apfelsaft

Dieser Likör hat einen viel leichteren Charakter als der Bärenfang mit Wodka und wird nicht so stark gewürzt. Er ist auch deutlich weniger süß. Gerade die zarten Blütenhonige aus dem Frühling mit ihrem feinen Aroma kommen in der Kombination mit der leichten Säure des Apfelsafts besonders gut zur Geltung.

Zubereitung

Alle Zutaten gut miteinander mischen. Lassen Sie auch den Honiggrappa mindestens zwei Wochen ziehen, bevor er in Flaschen abgefüllt wird.

Honigseife

Ein wunderschönes Produkt zum Verschenken ist Honigseife mit Bienenwachs. Dieses Rezept für Honigseife ist so berechnet, dass diese sehr rückfettend und hautpflegend wirkt. Die Hände fühlen sich nach dem Waschen fast an wie frisch eingecremt!

Achtung: Seifensieden ist nicht ungefährlich, das verwendete Ätznatron ist, wie schon im Namen erkennbar, stark ätzend. Auch der Seifenleim kann zu extremen Hautschäden und bei Kontakt mit den Augen tatsächlich zur Erblindung führen. Verwenden Sie daher unbedingt eine dichte Schutzbrille und Handschuhe. Normale Latexhandschuhe sind dabei ausreichend. Zum Seifensieden habe ich mir einen komplett eigenen Satz an Topf, Schüssel, Messbecher etc. zugelegt. Alle verwendeten Gefäße und Gerätschaften dürfen nach dem Kontakt mit der Lauge nicht mehr zum Kochen verwendet werden! Sie sollten außerdem im Freien oder am offenen Fenster arbeiten, da stark reizende Dämpfe entstehen.

Für ca. 2,5 kg Seife – ergibt 25 Stück

Utensilien:

1 große Plastikschüssel
2 Rührlöffel
2 Messbecher
1 großer Topf aus Edelstahl oder Emaille
1 Stabmixer
kleine Silikonformen, leere Joghurtbecher oder Ähnliches
Frischhaltefolie
1 grammgenaue Waage

Zutaten:

275 g NaOH (Ätznatron)
60 g Honig
500 g Olivenöl
500 g Kokosfett
500 g Rapsöl
500 g Frittierfett
70 g Bienenwachs
30 Tropfen Seifenduftöl Honig

Zubereitung

Schritt 1: Stellen Sie die Utensilien und Zutaten bereit und setzen Sie die Schutzbrille auf.

Schritt 2: Geben Sie zuerst 690 ml Wasser in eine Plastikschüssel und rühren Sie dann vorsichtig nach und nach das Ätznatron ein. Halten Sie unbedingt diese Reihenfolge ein! Diese Lauge lassen Sie jetzt abkühlen, bis sie nur noch lauwarm ist.

Schritt 3: Der Honig wird in einem kleinen Becher mit 1–2 Esslöffel Wasser gelöst. Anschließend können Sie ihn vorsichtig in die Lauge einrühren. So entsteht ein schöner Effekt: Die Lauge wird leuchtend rot, aber auch wieder heißer.

Schritt 4: Im Topf werden zwischenzeitlich die Fette mit dem Bienenwachs geschmolzen. Dann nehmen Sie den Topf vom Herd und fügen das Duftöl hinzu.

Schritt 5: Wenn sowohl die Lauge als auch die Fette noch höchstens 40–45 °C warm sind, wird die Lauge in die Fette eingerührt. Zunächst mit dem Löffel, dann mit dem Stabmixer.

Schritt 6: Sobald die Masse andickt, alles schnell in die Seifenformen umfüllen. Die Masse ist währenddessen auch wieder ganz hell geworden. Decken Sie die Formen mit Frischhaltefolie ab und lassen Sie das Ganze mindestens 24 Stunden stehen.

Schritt 7: Nach dieser Zeit ist die Seifenmasse fest geworden und kann aus der Form genommen werden. Größere Stücke können Sie jetzt gut in die gewünschte Größe schneiden.

Schritt 8: Danach muss die Seife noch reifen. Frühestens nach vier Wochen ist der chemische Prozess abgeschlossen und die Seife ist so hautfreundlich, dass man sie verwenden kann.

→ Lindenblüten - ein Lindenblütenhonig hat ähnliche Wirkung, z. B. bei Fieber.
↓ Getrocknete Pollen

Superfood Pollen

Der Blütenstaub enthält die ganze Kraft der Pflanzen und vieles, was unserem Körper guttut, vor allem Vitamine, Aminosäuren, Mineralien und Spurenelemente. Getrocknete Pollen müssen vor dem Verzehr z. B. in Joghurt eingeweicht werden, um sie auch für den Körper optimal verfügbar zu machen.

Wenn Sie selbst Pollen mit einer Pollenfalle vor dem Flugloch Ihrer Bienen gewinnen möchten, ist es ganz wichtig, diese täglich zu leeren und die Pollen sofort zu trocknen oder einzufrieren. Sie schimmeln extrem schnell und werden damit unbrauchbar.

Hausmittel aus dem Bienenstock

Ubi apis, ibi salus. Wo Bienen sind, dort ist Gesundheit. – Plinius (23–79 n. Chr.)

Verwendet werden in der Apitherapie traditionell nicht nur Honig, sondern auch Wachs, Propolis und Pollen. Bienengift und Gelée royal gehören eher zu den exotischen Produkten, die nur ganz spezialisierte Imkereien herstellen.

Tipp:
1 TL Honig hilft schnell, um die Stimme zu ölen – und Energie gibt er obendrein in stressigen Situationen.

Allzweckmittel Honig

Honig ist ein Allzweckmittel für viele Wehwehchen, die man selbst behandeln kann. Er hilft in warmer Milch beim Einschlafen – bei dieser Mischung kommt es durch die Zuckerzusammensetzung im Honig und das Tryptophan aus der Milch zur Produktion von Melatonin und Serotonin im Körper, was das Einschlafen erleichtert.

Mit Honig wird auch bei Halsschmerzen gegurgelt. Dabei wirkt er direkt gegen Krankheitserreger auf der Schleimhaut und lindert gleichzeitig das lästige Kratzen im Hals.

Honig ist nicht gleich Honig

Nicht jeder Honig hat die gleiche Wirkung. Die verschiedenen Honigsorten wirken tatsächlich auch ähnlich wie ihre Ausgangspflanzen. Ein Lindenblütenhonig wirkt schweißtreibend und hilft gut bei Husten und Erkältungen, ganz so wie der Tee aus Lindenblüten. Robinienhonig wird nachgesagt, dass er ganz ähnlich wie die Robinienblüten selbst verdauungsfördernd und gegen Sodbrennen wirkt. Der dunkle Kastanienhonig dagegen sei kreislaufanregend. Blütenhonig wird eine kräftigende Wirkung zugeschrieben und hilft gegen Gefühle von Erschöpfung. Zunehmend wird er auch als natürliches Mittel zur Vorbeugung von Allergien eingesetzt. Ein regional erzeugter Honig enthält im Idealfall viele der Pollen, denen wir im Frühling stark ausgesetzt sind. Der regelmäßige Genuss von Honig auch in der pollenarmen Jahreszeit kann dem Körper helfen, sich an Pollen zu gewöhnen und weniger allergisch zu reagieren.

Schmecken Sie erfrischende Minze im Stadthonig? Das kommt von den Lindenblüten!

Im Honig findet sich die ganze Blütenvielfalt der Umgebung. Im Stadthonig findet sich Pollen von Ahorn, Kastanie und Linde, allen Obstarten sowie von Robinie. Es finden sich das Vergissmeinnicht und Klee, Löwenzahn, Gänseblümchen, Hahnenfuß, Ginster, Schlehe und Weißdorn, aber auch Gräser- oder Birkenpollen. Und viele exotische Pflanzen, die nur in ganz kleinen Mengen auf Balkonen oder in botanischen Gärten gezogen werden.

Wiederentdeckt: zur Wundheilung

Unter ärztlicher Aufsicht wird medizinischer Honig aus der Apotheke in den letzten Jahren tatsächlich auch wieder zur Behandlung schlecht heilender Wunden eingesetzt. Dieses sehr alte Verfahren ist in Zeiten von Antibiotika fast in Vergessenheit geraten, wird heute aber nach der Entwicklung von antibiotikaresistenten Bakterien wieder neu entdeckt.

Propolis – die starke Abwehr der Bienen

Das stärkste Mittel aus dem Bienenstock ist aber sicher das Propolis. Das von Baumknospen wie Pappel, Weide, Kastanie oder der Rinde von Nadelbäumen wie Fichten oder Lärchen etc. geerntete Harz wird nur von wenigen Bienen im Volk gesammelt und mit Wachs und Pollen zu einer stark klebrigen und extrem färbenden Masse weiterverarbeitet. Propolis enthält ätherische Öle sowie Vitamine und Spurenelemente, Aminosäuren und Mineralstoffe sowie Pflanzenfarbstoffe. Es wird als Tapete im ganzen Bienenstock verwendet. Im Bienenstock herrschen dadurch extrem saubere Verhältnisse. Propolis wirkt gegen Viren, Pilze und Bakterien. Und diese Wirkung können wir uns zunutze machen.

Hinter dem Flugloch – im Eingangsbereich der Bienen – wird Propolis verteilt. Es wirkt desinfizierend und verhindert die Einschleppung von Erregern ins Volk.

Propolistinktur herstellen und anwenden

Für eine Propolistinktur geben Sie ca. zehn Gramm Propolis in ein Glas, dazu kommen 90 Gramm von 70-prozentigem Alkohol. 70-prozentiger deswegen, weil einige Bestandteile in Wasser löslich sind, andere besser in Alkohol. Bei reinem Alkohol würde also ein Teil der Wirkstoffe nicht in Lösung gehen. Dieses Gemisch lassen Sie etwa zwei Wochen stehen, bevor Sie es dann durch einen Kaffeefilter filtern.

Die Tinktur kann bei Erkältungen mit Halsschmerzen in Tee gerührt werden, den man auch zum Gurgeln verwenden kann. Wenn einen der bittere Geschmack nicht stört, kann man auch mit einem Teelöffel der Tinktur direkt gurgeln. Hilfreich ist Propolistinktur auch bei kleinen Verletzungen im Mund, wo man sie direkt auftupfen und damit die Heilung beschleunigen kann.

Aber Vorsicht: Wie alle Bienenprodukte ist das nichts für Babys und Kleinkinder. Gegen Propolis kann es auch bei Erwachsenen heftige Allergien geben. Im Zweifelsfall probieren Sie die Tinktur mit einer ganz kleinen Menge am Unterarm aus und beobachten die Reaktion. Wenn es weder zu Rötungen, Juckreiz oder anderen unangenehmen Erscheinungen kommt, kann man die Tinktur getrost einsetzen.

Bienenwachsauflage

Bienenwachs duftet nicht nur wunderbar, es hält auch sehr lang die Wärme und wirkt durch diese Eigenschaften vor allem bei Erkältungen positiv und entspannend auf den gesamten Organismus. Eine Auflage lindert hartnäckigen Reizhusten und kann bei Bronchitis hilfreich sein. Gekühlt aus dem Kühlschrank, kann sie auch bei juckenden Insektenstichen eingesetzt werden.

Bienenwachsauflage herstellen und anwenden

Schmelzen Sie Bio-Wachs im Wasserbad und tränken Sie ein Tuch aus Baumwolle oder Leinen damit. Gut geeignet sind dafür alte Verbandstücher aus einem Verbandskasten. Das Ganze dann zum Erkalten glatt hinlegen oder im Freien aufhängen.

Die Auflage kann mehrmals wiederverwendet werden. Wenn das Wachs seinen wohltuenden Duft verliert, sollte sie durch eine neue ersetzt werden.

Für die Anwendung erwärmen Sie die Wachsauflage im Backofen oder durch eine Wärmflasche. Anschließend legen Sie zuerst die Wachsauflage und dann noch eine Wärmflasche auf die Brust. Decken Sie sich gut zu und entspannen Sie sich für mindestens eine Stunde.

→ Bienenwachsauflage und geprägte Wachsplatten
↓ Propolis auf einem Absperrgitter – einfach abkratzen.

Propolis selbst ernten

Gewinnen lässt sich Propolis ganz einfach: Kratzen Sie es einfach nach dem Schleudern von den Rähmchen aus dem Honigraum ab. Größere Mengen kann man erzeugen, indem man ein spezielles Kunststoffgitter mit Schlitzen auflegt und für etwas Zugluft sorgt. Die Bienen verbauen mit dem Propolis dann alle Spalten. Ist das Gitter gefüllt, kann man es zu Hause einfrieren und dann das Harz herauslösen.

Die Biene – unser Freund und Helfer

Zum Zauberbrunnen Bienenvolk gehört unbedingt auch seine enorme Leistung beim Bestäuben. Eigentlich das wichtigste Produkt der Bienen, das ganz nebenbei anfällt.

Unverzichtbar in der Landwirtschaft und Lebensmittelproduktion

Etwa 40.000 Arten von Blütenpflanzen sind für ihr Überleben von der Bestäubung durch Bienen abhängig. Mehr als 30 Prozent unserer Lebensmittel entstehen auch durch die Bestäubung der Bienen, ohne sie hätten wir viel weniger Auswahl auf dem Tisch. Obst und Gemüse ist oft auch schöner, vitaminreicher oder lagerfähiger, wenn es durch Bienen bestäubt wurde.

Der Beflug durch Bienen sichert den Ertrag in der Landwirtschaft. Durch andere Pflegemaßnahmen wie Düngung, Schnitt von Bäumen etc. kann man das nicht erreichen oder ausgleichen. Beim Raps sprechen die Landwirte von einem Verlust von bis zu 30 Prozent, wenn die Bestäubung durch die Bienen fehlt. Bei Birnen als Extrembeispiel können es auch 90 Prozent sein.

Honig und Kinder

Kinder lieben Honig! Gerade beim Entdeckeln und Schleudern, beim Abfüllen in Gläser helfen viele Kinder wirklich gerne mit. Wann kann man schon mal so ein leckeres Lebensmittel in so großen Mengen so professionell verarbeiten? Probiert werden darf natürlich auch gleich! Kleine Feinschmecker lieben es, die verschiedenen Honige aus verschiedenen Jahreszeiten und von verschiedenen Standorten zu vergleichen. Meist schmeckt den Kindern der ganz milde Honig von Frühjahrsblüten am besten. Die Fans des Waldhonigs finden sich dagegen meist in der Altersgruppe über 50.

Vorsicht, nicht für Babys geeignet!

Wie jedes rohe Lebensmittel ist Honig nicht für Babys unter einem Jahr geeignet. Hintergrund dafür ist die – wenn sicher auch geringe – Gefahr von Säuglingsbotulismus. Das ist eine sehr gefährliche Infektion mit allgegenwärtig im Boden und auch rohen Nahrungsmitteln vorkommenden Sporen des Erregers *Clostridium botulinum.*
Diese Sporen können über die Bienen auch in den Honig geraten. Bei Babys können die Sporen keimen und dann Vergiftungserscheinungen verursachen. Für größere Kinder und Erwachsene stellen diese Sporen kein Problem dar, sie werden schon durch die Magensäure unschädlich gemacht.

→ Bestäubte Birnbäume tragen bis zu 90 Prozent mehr Früchte.

Glossar

Ableger: Vermehrung eines Bienenvolks durch den Imker. Einige Waben mit Brut und Bienen kommen in eine neue Beute. Die Bienen ziehen sich aus jungen Larven selbst eine Königin nach oder bekommen eine vom Imker zugesetzt. Auch in der Natur vermehrt sich ein Bienenvolk durch Teilung. In diesem Falle verlässt aber die Königin mit einem Teil des Volks den Kasten. Die verbliebenen Bienen ziehen sich auch da eine junge Königin nach.

Absperrgitter: Das Gitter trennt Brutraum und Honigraum. Dadurch bleiben die Waben im Honigraum brutfrei, da die – etwas dickere – Königin nicht durchs 4,2 Millimeter breite Gitter passt und daher dort keine Eier legen kann.

Bee-Space: Natürlicher Abstand zwischen zwei Naturwaben, der auch bei künstlichen Rähmchen eingehalten wird, um zu verhindern, dass die Waben fest aneinander gebaut werden. Der Wabenabstand beträgt immer 35 Millimeter.

Beute: Allgemeine Bezeichnung für einen Bienenkasten.

Bien: Damit ist der Superorganismus des Bienenvolks gemeint. Er besteht aus vielen Arbeiterinnen, einigen Drohnen, einer Königin, Brut, Waben und Vorräten.

Bienenbrot: Von den Bienen in den Waben eingestampfter und mit einer Honigschicht überzogener Pollen, der so unter Luftabschluss haltbar gemacht wird. Es kommt zu einer Fermentierung, ähnlich der beim Sauerkraut. Dadurch wird der Pollen auch für unseren Organismus besser verfügbar.

Bienentraube: Wird einerseits gebildet, wenn ein Volk schwärmt und sich auf einem Baum niederlässt. Man kann so eine Schwarmtraube einfangen. Die Wintertraube der Bienen dient der Wärmehaltung im tiefen Winter; eng nebeneinander halten die Bienen eine Temperatur von mindestens 14 °C.

Blütenstetigkeit: Bienen bleiben einer Nektarquelle treu, bis diese versiegt ist, und informieren auch ihre Kolleginnen über gute Standorte. Dies macht die Honigbienen so wertvoll bei der Bestäubung in der Landwirtschaft.

Höseln: Bienen transportieren Pollen an den Hinterbeinen, sichtbar werden dann die Pollenhöschen – die Bienen höseln.

Honigtau: Nektar stammt von Blüten, Honigtau wird von an Bäumen saugenden Insekten (z. B. Lecanien und Blattläuse) ausgeschieden und dann von den Bienen gesammelt. Aus Honigtau entsteht der aromatische Waldhonig.

Kellerhaft: Ein Schwarm wird ein bis drei Tage im kühlen, dunklen Keller aufgestellt. Die Bienen beruhigen sich, bilden ein einheitliches Volk und fasten quasi. Das dient auch der Vorbeugung von durch Honig übertragbaren Krankheiten, v. a. der Amerikanischen Faulbrut.

Kittharz: Das heilkräftige Propolis, mit dem die Bienen ihre Wohnung auskleiden. Sie sammeln es von Baumknospen.

Mobilbau: Im Unterschied zum Stabilbau (z. B. bei der Warré-Beute) können hier die Waben oder Rähmchen einzeln entnommen werden (z. B. beim Magazin oder dem Top-bar hive).

Nachschaffung: Ein Volk ohne Königin zieht sich selbst aus jüngster Brut eine neue Königin nach. Die Entwicklung zur Königin statt zur Arbeiterin wird allein durch die Fütterung mit Gelée royal erreicht.

Pollenfalle: Wird meist vor dem Flugloch angebracht; durch ein enges Lochgitter müssen die Bienen den mitgebrachten Pollen abstreifen, den der Imker ernten kann.

Reinigungsflug: Im Frühling ab ca. 10 °C Außentemperatur fliegen die Bienen zum ersten Mal in großer Zahl aus und koten ab. Im Winter wird der Kot in der Kotblase gesammelt.

Sterzeln: Bienen sondern Pheromone ab und verteilen sie durch Flügelschlagen, das Sterzeln ist ein Teil ihrer Kommunikation. Oft wird vor dem Flugloch gesterzelt, um den Sammlerinnen den Anflug in den Heimatstock zu erleichtern.

Stifte: Bieneneier, sie werden nur von der Königin gelegt.

Tuten und Quaken: Dadurch verständigen sich die jungen Königinnen untereinander. Die erstgeborene tutet, die jüngeren – noch nicht geschlüpften – antworten aus ihren Zellen, sie quaken.

Umweiseln: Wenn die Bienen mit der Königin nicht mehr zufrieden sind, ziehen sie sich eine Nachfolgerin heran. Manchmal entscheidet das auch der Imker, er bringt eine neue Königin ins Volk.

Verbrausen: Wenn ein Bienenvolk oder Schwarm bei zu großer Wärme transportiert wird, geraten die Tiere in Panik, sie erzeugen so viel Wärme, dass Waben schmelzen und die Tiere an der Hitze sterben. Daher werden Bienen im Sommer vorzugsweise in kühlen Nächten transportiert.

Vorspiel: Einige junge Bienen, die sich vor dem Flugloch einfliegen, um ihr Zuhause sicher ansteuern zu können. Das Vorspiel kann man auch nach dem Einzug eines Schwarms beobachten oder wenn die Kästen vom Imker verstellt wurden.

Weisel: Die Bienenkönigin.

Wirtschaftsvolk: Von einem Schwarm oder Ableger kann normalerweise im nächsten Jahr das erste Mal richtig Honig geerntet werden. Das Volk hat sich zum Wirtschaftsvolk entwickelt, von ihm werden wieder neue Ableger gemacht.

Zander-Beute: Eine Form der Magazinbeute und ein Rähmchenmaß, das vor allem in Süddeutschland verwendet wird, benannt nach seinem Entwickler Enoch Zander.

Zargen: Jede Etage einer Magazinbeute wird aus einer Zarge gebildet, in ihr werden die Rähmchen eingehängt.

Zelle: Kleinste, sechseckige Einheit einer Wabe, sie dient als Kinderzimmer und Vorratsraum.

A

B

D

E

F

G

H

I

J

K

L

M

Wichtige Adressen und Literatur

DIB – Deutscher Imkerbund

www.deutscherimkerbund.de

Mellifera e. V. – Verein für wesensgemäße Bienenhaltung

www.mellifera.de

Fachzeitschriften: Imkerfreund, Die Biene, ADIZ

– Deutscher Landwirtschaftsverlag (www.dlv.de)

Prof. Dr. Jürgen Tautz:

Phänomen Honigbiene (2012)

Die Erforschung der Bienenwelt (2014)

Thomas D. Seeley:

Bienendemokratie (2014)

Über die Autorin

Pia Schrade ist Enkelin eines Imkers. Durch ein Urban-Gardening-Projekt in ihrem Wohnort München ist sie wieder zu den Bienen gekommen. Am Fachzentrum Bienen der bayerischen Landesanstalt für Weinbau und Gartenbau in Veitshöchheim sowie am Lehr-, Versuchs- und Fachzentrum für Ökologischen Landbau in Kringell nutzte sie mit Begeisterung das aktuelle imkerliche Bildungsangebot und besuchte unter anderem den Ökolehrgang Bienenhaltung. Am Stadtrand hält sie seit 2014 insgesamt sieben Bienenvölker in unterschiedlichen Systemen. Neben der Arbeit mit den Bienen liebt sie die Weiterverarbeitung von Honig und Wachs zu ganz individuellen Spezialitäten. Als zertifizierte Gästeführerin Gartenerlebnis gibt sie ihr Wissen um Gärten, Gestaltung und Genuss leidenschaftlich gerne an Besucher weiter.

Danke

Natürlich geht ein großes Dankeschön an Annika Christof und das Team der EMF – ihr macht echt schöne Bücher und die Zusammenarbeit war ein Vergnügen.

Danke den Mitstreitern vom Bienengarten Pasing für euer Engagement im Gemeinschaftsgarten und die Toleranz gegenüber uns Imkern und unseren Bienen.

Danke an Heiko Schüller-Schmidt und Stefan Schüller für die Gastfreundschaft in eurem Garten, eure unbedingte Tier- und Menschenfreundlichkeit und alle selbst gemachten Spezialitäten.

Danke an Dr. Hans Albrecht, ein wunderbarer Bienen- und Imkervater, der mit Ruhe, Geduld und Humor in meiner Anfangszeit so manchen Notfall retten musste.

Danke an das Fachzentrum Bienen in Veitshöchheim und die Ökoakademie Kringell für den süchtig machenden Kurs zum Top-bar hive und die Ökobienenwoche. Ein Highlight, wenn Wissenschaftler, Imkermeister und Fachberater unermüdlich und mit viel Humor ihr tiefes Wissen vermitteln!

Danke auch an die Stadtimker und den Münchner Bezirksbienenzuchtverein für informativen Austausch und freundliche Vernetzung.

Und ein großes Danke an meine Familie für ihre liebevolle Unterstützung! Reiner und Inge, Meike und Michael, Lovis und Oma Inge – ihr habt euch tapfer alle Bienenstorys angehört, meine Begeisterung für Garten, Bienen und Genuss gefördert und geteilt und die Schreiberei vorangebracht. Danke auch für viele tolle Bilder von Bienchen und Blümchen und Imkerin!

Impressum

Bibliografische Information der Deutschen Bibliothek.

Die Deutsche Bibliothek verzeichnet diese Publikation in der deutschen Nationalbibliografie.

Detaillierte bibliografische Daten sind im Internet über http://www.d-nb.de/ abrufbar.

EIN BUCH DER EDITION MICHAEL FISCHER

1. Auflage 2017

Covergestaltung: Rebecca Leiner
Layout: Tanja Kapahnke (SÜD Studio für Visuelle Kommunikation), Ravensburg
Satz: Bernadett Linseisen, Rebecca Leiner
Produktmanagement und Redaktion: Annika Christof
Lektorat: Agnes Przewozny, Berlin
Fotos: Patrick Wittmann, München; außer Seite 85, 114, 116, 119, 121, 122, 125, 127, 129, 132 o, Julia Ruby Hildebrand & Ingolf Hatz, München; 2, 141, Nadja Buchczik, Bielefeld; 10 o, 19 u Pia Schrade; 10 u/macondo, 19 o/Anton Tonitoon, 26/Steve Oehlenschlager, 38/asadykov, 53/Pakhnyushchy, 65/StockMediaSeller, 69 li/Maleo, 71/Martin Kudrjavcev, 72/Rimantas Abromas, 75/Reluk, 130 o/Khudoliy, 135/Petar Bogdanov, Shutterstock; 13 li Silvia Appel, Würzburg; 21 David Jankowiak; 142 Michael Pfadler, Würzburg

ISBN 978-3-86355-658-7

Printed in Slovakia

www.emf-verlag.de